《预拌混凝土绿色生产及管理技术规程》实施指南

韦庆东　主　编
徐亚玲　杨根宏　副主编

U0298694

中国建筑工业出版社

图书在版编目（CIP）数据

《预拌混凝土绿色生产及管理技术规程》实施指南/
韦庆东主编. —北京：中国建筑工业出版社，2015.2
ISBN 978-7-112-17729-5

Ⅰ.①预… Ⅱ.①韦… Ⅲ.①预搅拌混凝土-生产管
理-指南 Ⅳ.①TU528.52-62

中国版本图书馆 CIP 数据核字（2015）第 022508 号

责任编辑：田立平 张伯熙 万 李
责任设计：张 虹
责任校对：李美娜 刘梦然

《预拌混凝土绿色生产及管理技术规程》实施指南

韦庆东 主 编
徐亚玲 杨根宏 副主编

*

中国建筑工业出版社出版、发行（北京西郊百万庄）
各地新华书店、建筑书店经销
北京科地亚盟排版公司制版
北京同文印刷有限责任公司印刷

*

开本：787×1092 毫米 1/16 印张：10 字数：243 千字
2015 年 3 月第一版 2015 年 9 月第二次印刷
定价：**30.00** 元
ISBN 978 - 7 - 112 - 17729 - 5
（27008）

《预拌混凝土绿色生产及管理技术规程》实施指南
编委会名单

主　编：韦庆东　中国建筑科学研究院
副主编：徐亚玲　上海城建物资有限公司
　　　　杨根宏　深圳为海建材有限公司

编委（以姓氏笔画排名）：

丁　威　中国建筑科学研究院
孙　俊　中国建筑科学研究院
纪宪坤　中国建筑科学研究院
杨建平　临沂市建设安全工程质量监督管理处
吴文贵　中建商品混凝土有限公司
吴德龙　上海建工材料工程有限公司
宋晓明　深圳为海建材有限公司
冷发光　中国建筑科学研究院
周永祥　中国建筑科学研究院
倪雪峰　上海城建物资有限公司
徐景会　北京金隅混凝土有限公司
高芳胜　深圳市安托山混凝土有限公司

审查专家：

韩素芳　中国建筑科学研究院
杨再富　重庆建工新型建材有限公司
陈旭峰　北京市建筑材料科学研究总院
高金枝　北京金隅混凝土有限公司

前　言

　　自改革开放以来，预拌混凝土为我国的现代化和城市化建设做出了巨大贡献，并在节约减排、保护环境、提高资源综合利用效率方面发挥了重要作用。然而，与欧美发达国家相比，我国预拌混凝土目前仍然存在如下问题：区域发展不平衡，中西部地区的生产技术水平偏低；生产企业众多，产能利用率不高；多数生产企业的环境保护和社会责任意识不强，存在噪声扰民、粉尘污染和污水乱排等现象；部分省市或先进生产企业推行预拌混凝土绿色生产及管理技术，并积累了成功应用经验，但是标准要求不同，应用水平差异较大；推动绿色生产评价缺乏标准技术依据等。推广预拌混凝土绿色生产及管理技术对于解决上述问题将起到根本性作用。

　　预拌混凝土绿色生产是指以节能、降耗、减排为目标，以技术和管理为手段，实现混凝土生产全过程的"四节一环保"基本要求的综合活动。与传统预拌混凝土生产方式相比，预拌混凝土绿色生产更满足环保、低碳和可持续发展要求，生产废水和废弃混凝土可得到循环利用，生产过程采用防尘和降噪等措施，搅拌站能够接近零排放要求，显著降低生产对环境的负面影响。因此，随着我国绿色建筑行动方案和高性能混凝土推广应用工作的深入实施，以及混凝土行业可持续发展要求的不断提高，归纳我国现有的预拌混凝土绿色生产及管理的成功应用经验，制订预拌混凝土绿色生产及管理技术规程，完善标准体系，推动预拌混凝土绿色生产技术水平的不断提升，改变传统预拌混凝土粗放型生产模式，以满足环境友好型和可持续发展的时代要求、技术需求和市场需求，已成为行业共识和未来重要工作内容。

　　预拌混凝土绿色生产需要更加先进的环保设备、管理技术、监测手段和生产技术。为了规范我国预拌混凝土绿色生产及管理技术，保证混凝土质量，满足节地、节能、节材、节水和环境保护要求，根据住房和城乡建设部《关于印发2012年工程建设标准规范制订修订计划的通知》（建标〔2012〕5号）的要求，中国建筑科学研究院会同有关单位经广泛调查研究，认真总结实践经验，参考有关国际标准和国内外先进标准，并在广泛征求意见的基础上，制订了《预拌混凝土绿色生产及管理技术规程》JGJ/T328-2014（以下简称规程），规程自2014年10月1日起实施。为了方便相关专业技术人员对规程的理解和应用，促进新标准和新技术的推广应用，根据住房和城乡建设部标准定额司《关于印发2014年工程建设标准实施指导监督重点研究工作计划的通知》建标实函〔2014〕1号文的要求，由中国建筑科学研究院会同有关单位负责编写《预拌混凝土绿色生产及管理技术规程》实施指南（以下简称指南）。

　　本指南共分5篇22章。各篇章主要内容如下：第1篇简要介绍了规程编制的时代背景、国内外发展状况和存在问题；第2篇简要介绍了规程主要编制工作、规程主要内容和特点、技术水平和存在问题等；第3篇按照规程的章、节、条顺序，针对部分条文补充了绿色生产评价要点和背景知识，以便于使用规程时，能全面理解和执行条文规定，了解该条文编制背景，提高预拌混凝土绿色生产评价的可操作性；第 4 篇简要介绍了噪声和生产性粉尘的监测操作要求；第 5 篇以实例方式介绍了具有典型示范意义的既有混凝土搅拌站（楼）和新建混凝土搅拌站（楼）的绿色生产和管理关键技术和成功经验，有助于预拌混凝土生产企业通过实例比较，因地制宜地找到提升自身绿色生产技术水平的可行道路。本指南由参与过《预拌混凝土绿色生产及管理技术规程》制订工作的单位同仁分章执笔、相互阅校。每章之后仅列出主要执笔人，便于联系，其他审查、修改的有关专家列在编委会和审查专家名单中。本指南由韦庆东负责统稿。

本指南可供从事预拌混凝土生产、质量管理、检测、监督、施工和设计等工作的专业技术人员以及高等院校有关专业师生参考。本书在编写过程中，得到了住房和城乡建设部标准定额研究司领导的关心与支持，得到了中国建筑科学研究院建筑材料研究所领导、专家的协助和指导，得到了上海城建物资有限公司和深圳为海集团的支持与帮助，特此表示衷心的感谢。本书的试验、研究工作得到了"十二五"国家科技支撑计划《建筑结构绿色建造专项技术研究》课题的支持，特此致谢！限于编者水平和实践经验，书中不足之处在所难免，敬请读者批评指正。如有问题或建议，可与主编联系（email：weiqingdong16@163.com）。

韦庆东

2014 年 11 月 8 日于北京

目　录

第1篇 编制背景

第1章 前　言

1.1　什么是绿色生产

经过30多年的快速发展，我国混凝土行业已发展成为相对独立并对国民经济产生重大影响的行业之一。混凝土，特别是预拌混凝土，对我国的现代化和城市化建设做出了巨大贡献。随着国家可持续发展战略的不断实施和混凝土行业发展要求的不断提高，推广预拌混凝土绿色生产已经成为混凝土行业的共识，绿色生产已成为预拌混凝土行业可持续发展的必经之路。

预拌混凝土绿色生产是指以节能、降耗、减排为目标，以技术和管理为手段，实现混凝土生产全过程的"四节一环保"基本要求的综合活动。与传统预拌混凝土生产方式相比，预拌混凝土绿色生产更满足环保、低碳和可持续发展的要求，工业废水和废弃混凝土可得到循环利用，搅拌站能够接近"零排放"要求，生产过程采用防尘、隔声、降噪等措施，显著降低生产对环境的负面影响。

因此，预拌混凝土绿色生产是现代混凝土先进生产技术的代表和未来的发展方向。目前迫切需要发展并推动预拌混凝土绿色生产，改变传统预拌混凝土粗放型生产模式，以满足环境友好型和可持续发展的时代要求、技术需求和市场需求。

1.2　为什么推广绿色生产

目前我国混凝土行业发展存在地域性差异和个体性差异。以北京、上海和江苏等省市为代表的东部发达地区，混凝土绿色生产水平较高，不论是设备配置、生产技术、管理水平和行业监管均达到了较高水准，而以贵州、甘肃和陕西等省市为代表的西北地区，则整体落后于东部地区。此外，以上海城建物资有限公司、深圳为海集团和中建商品混凝土公司为代表的先进生产企业，其绿色生产技术和管理水平已经接近国外先进水平，而更多的中小型混凝土生产企业，仍然沿用传统生产方式，忽视生产过程存在的噪声、粉尘扰民问题，忽视节能、节材、节水、节地的可持续发展要求，从而导致预拌混凝土生产过程排放的废水、废浆和固体废弃物，以及噪声和粉尘成了影响社会、环境、经济健康发展的重要问题。

我国预拌混凝土每年消耗资源数量巨大，同时具有废弃物高消纳能力，而生产废水、废浆和废弃混凝土经过处置后可按适当比例掺用于预拌混凝土生产，变废为宝。此外，传统搅拌站的粉尘和噪声排放不仅影响到操作工人生理卫生健康，而且严重影响到城乡居民的生活环境，对社会环境产生巨大压力。随着我国城市化和工业化的进一步发展，预拌混凝土年产量将保持稳定增长，生产废水、废浆和废弃混凝土排放量也将持续增长，城区内新建、改建和扩建预拌混凝土生产企业数量也会越来越多。如果仍然采用传统生产模式，噪声和粉尘排放与人民生活质量提高之间的矛盾将会越来越尖锐。随着预拌混凝土行业所面临的节水、节材、节能、除尘和降噪等要求不断提高，归纳并推广节能、节材、节水等绿色生产技术成为预拌混凝土行业关注重点。科学、有效、安全地处理和消纳数量巨大的生产废水、废浆和废弃混凝土，严格控制搅拌站的粉尘排放及噪声污染，已经成为关系到我国社会、环境、经济健康发展的关键问题之一，也成为缓解因大规模基础建设消耗建材原料和能源而造成资源紧缺矛盾的必然选择。

因此，归纳预拌混凝土绿色生产成套技术，制订相关标准，全面推广绿色生产和管理技术不仅符合国家产业政策导向，有利于整体提高我国预拌混凝土生产和管理技术水平，而且能够满足混凝土行业健康发展所存在的技术、管理和市场需求。

1.2.1 国家产业政策导向

2003 年 10 月 16 日，商务部、公安部、建设部、交通部四部委联合下发了《关于限期禁止在城市城区现场搅拌混凝土的通知》（商改发［2003］341 号）[1]。该通知明确规定了不同城市城区禁止现场搅拌混凝土的时间表，要求各城市根据本地实际情况制定预拌混凝土发展规划及使用管理办法。该通知还规定预拌混凝土生产企业不仅要符合城市建设规划、建筑行业发展规划以及环保要求，具备国家规定的资质条件，接受建设行政主管部门的资质审查，而且还要建立完善的质量控制体系，在标准化管理、计量管理、工序控制、质量检验等方面严格执行有关规定，确保预拌混凝土的质量。经过十多年的快速发展，我国预拌混凝土实际年产量、设计产能、生产厂家数量、从业人员等均居世界首位，预拌混凝土的快速发展为我国城市化和工业化的快速发展提供了重要的物质条件和支持作用。然而，当前我国预拌混凝土生产企业整体具有产能利用率较低、生产规模较小、绿色生产水平低、固体废弃物利用率低和企业社会责任少等特点。例如，绝大多数预拌混凝土生产企业直接排放废弃混凝土和废水，并缺乏系统性的粉尘和噪声处置措施，不仅对周边环境产生巨大压力，而且造成了废弃混凝土、废水和废浆等资源浪费。

2006 年 2 月 9 日，国务院发布了《国家中长期科学和技术发展规划纲要（2006-2020年）》[2]。该纲要的第三重点领域"环境"中的第（13）优先主题是"综合治污与废弃物循环利用"，第二重点领域"水和矿产资源"中第（7）优先主题是"工业综合节水"，第九重点领域"城镇化与城市发展"的第（55）优先主题"城市生态居住环境质量保障"中提出了"城市垃圾资源化利用技术"，而第（54）优先主题"建筑节能与绿色建筑"中提出了"节能建材与绿色建材"。由此可知，系统研究预拌混凝土绿色生产和管理技术，总结成功经验，形成技术标准进而推动绿色生产技术进步，是与国家中长期科学和技术发展规划纲要相一致的，也符合《中华人民共和国清洁生产促进法》规定的预拌混凝土环保、节能、节水和可持续发展要求。

1.2.2 绿色生产技术和管理需求

预拌混凝土绿色生产与传统生产方式存在很大区别，需要更加先进的环保设备、管理技术、监测手段和更高的技术水平。推广预拌混凝土绿色生产的核心目标是节能、降耗、节水、防尘、隔声、降噪和科学管理，合理利用自然资料，减少废物和污染物的排放，降低生产对人类和环境的风险，达到对人类和环境的危害最小化以及经济效益的最大化。为实现上述目标，必须针对厂区规划和厂址选择、生产设备设施、生产废水和废浆利用、废弃硬化混凝土利用以及生产性粉尘和噪声等方面提出科学、合理、可操作性强的技术规定，才能解决众多预拌混凝土生产企业进行绿色生产面临的技术困惑，进而确实保证预拌混凝土绿色生产在混凝土行业的推广和应用。经过近十年的快速发展，我国预拌混凝土绿色生产技术、绿色生产设备设施和管理技术水平均得到长足发展，并形成了较好的基础条件。因此，总结、归纳现阶段成熟的预拌混凝土绿色生产应用技术和管理经验，进而制订《预拌混凝土绿色生产及管理技术规程》已经成为混凝土领域面临的迫切任务，同时能够满足混凝土行业可持续发展的技术需求。

预拌混凝土绿色生产的管理要求也与传统混凝土存在很大区别。绿色生产管理包括原材料运输要求、生产过程控制和应用现场的要求等内容。管理的主要目标是实现生产过程的绿色化和规范化，达到环保、节能、低碳和可持续发展要求。因此，必须加强过程管理，以混凝土耐久性和绿色生产技术为核心，采用质量管理体系、环境管理体系和全球定位系统等科学管理手段，全面提升预拌混凝土质量和各环节的生产管理水平。

从预拌混凝土行业监管角度来看，自2007年住房和城乡建设部发布和实施《绿色施工导则》以来，我国建筑工程的绿色设计、绿色施工和绿色建筑评价等水平均得到大幅提高。《绿色建筑评价标准》GB/T 50378—2014、《建筑工程绿色施工规范》GB/T 50905—2014、《建筑工程绿色施工评价标准》GB/T 50640—2010、《民用建筑绿色设计规范》JGJ/T 229—2010等标准陆续发布实施，建筑工程领域初步建立了从设计、施工到结构物验收的绿色标准体系，满足了节约资源、减少环境负荷和"四节一环保"的基本要求。然而，在目前建设绿色建筑的过程中，预拌混凝土的绿色生产问题还未受到足够的重视，一些地区或企业积极推广绿色生产，但所采用的技术和管理手段良莠不齐，缺乏规范、科学的标准依据。我国预拌混凝土绿色生产相关标准规范体系不完善或者滞后，制约了预拌混凝土绿色生产的推广应用。只有编制预拌混凝土绿色生产技术标准，才能从技术上和标准规范上解决阻碍预拌混凝土绿色生产应用的各种问题，并建立从设计、生产、施工到验收评价等不同阶段的完整绿色建筑标准体系，推动我国绿色建筑行动方案的全面实施。

1.2.3 绿色生产市场需求

目前，我国预拌混凝土生产企业良莠不齐，整体生产管理粗放，生产效率较低，部分地区的预拌混凝土投资无序，重复建设较多，产能严重过剩。从市场需求角度来看，推广绿色生产实现企业价值和社会的可持续发展，进而提高产品质量和品牌美誉度，从而获得更高的产品竞争力已经得到越来越多生产企业的认可。此外，推广绿色生产还可以取得以下效益：

1）利用绿色生产技术，可以减少混凝土生产过程中对水资源、砂石资源和能源的消耗，降低单位产品的能源消耗，提高资源的利用效率，减少环境污染，显著改善预拌混凝土生产环境和城市居民生活环境，具有较好的技术、经济和社会综合性效益；

2）北京、江苏等省市极其重视预拌混凝土绿色生产问题，积极支持和推广预拌混凝土绿色生产利用技术，并在减税政策等方面给予扶持。因此，预拌混凝土绿色生产成套技术易推广，也有可观的赢利空间。

第2章 国内外发展状况

2.1 国外发展现状

推行预拌混凝土绿色生产，建设环保型混凝土企业，是世界现代混凝土技术发展史上的重大进步。预拌混凝土绿色生产和管理水平高低能够展现一个国家混凝土工业文明程度和建筑施工水平的高低。经过五十多年的发展，欧美发达国家的预拌混凝土行业发展已进入成熟阶段，并在绿色生产方面取得了系统性成果。分析2013年世界混凝土年产量十强名单可知，欧洲水泥混凝土生产企业竞争优势明显，多数企业经过收购兼并其他混凝土企业成为跨国企业，并形成了覆盖水泥、骨料和混凝土等行业的完整产业链。例如，行业排名第一的墨西哥水泥（西麦斯）预拌混凝土年产量达到了5830万 m³，其在水泥和预拌混凝土生产和销售方面业绩均领先。此外，德国海德堡（Heidelbeng）水泥、瑞士（Holcim）水泥和法国拉法基（Lafarge）水泥的混凝土年产量均在3000万 m³ 以上[3]。通过实际调研发现，多数欧美发达国家预拌混凝土生产企业在环保、节能降耗等方面同样处于领先水平，通过因地制宜使用绿色生产和管理技术，保持了预拌混凝土行业的可持续发展。

整体而言，欧美等发达国家在预拌混凝土绿色生产方面已经形成成套应用技术，并制定了比较完备的应用标准体系和法律规章制度。举例如下：（1）废弃混凝土综合利用水平较高。例如：日本早在1993年全日本废弃混凝土再资源化率已达到70%；欧盟已经提出2010年建筑可持续发展目标之一就是使建筑垃圾（含废弃混凝土）再循环率达到90%以上。为了保证废弃混凝土资源化利用的效果和质量，很多发达国家已经制订了较为系统的标准体系，例如：日本的《再生骨料和再生混凝土使用规范》，德国的《在混凝土中采用再生骨料的应用指南》，以及美国《混凝土骨料标准》ASTM C33—08 等。（2）生产废水和废浆再生处理及其资源化利用水平高，生产性粉尘排放和噪声控制比我国严格，并已经形成技术法规和标准体系，这与国外发达国家对环境保护要求更为严格有关。例如，加拿大《预拌混凝土环境保护管理指南》具体规定了总悬浮颗粒物、可吸入颗粒物和细颗粒物排放限值。（3）绿色生产评价的系统化和规范化。例如，基于环境保护政策，National Ready Mixed Concrete Association（简称 NRMCA）近年开展了混凝土绿色之星认证工作，先后为近1500家预拌混凝土生产企业提供认证服务，其中涉及绿色生产的内容包括：水质管理，包括生产用水排放、雨水排放、再生水利用和循环；空气质量管理，包括生产过程的大气污染物排放、临时性大气污染物排放和汽车尾气排放；有害物质管理，包括汽油和化学物质使用、耗油率和石油化学物质的防渗漏处理；固体废弃物管理，包括返厂的废弃混凝土管理和混凝土粗细骨料；社会问题，包括噪声和美观；可持续发展，包括节能、循环措施和透水混凝土。美国绿色之星认证项目对于我国预拌混凝土行业可持续发展，特别是绿色生产评价具有重要借鉴意义[4]。

2.2 国内发展现状

我国政府一直高度重视预拌混凝土作为新型建筑材料，在节约减排、保护环境、提高资源综合利用效率方面的重要作用。科技部、住房和城乡建设部等部委以及地方政府先后立项开展了废弃混凝土和资源化利用的众多技术研究并形成了系统研究成果。例如，"十一五"国家科技支撑计划重点项目"环境友好型建筑材料与产品研究开发"、"钢渣重构和性能优化技术与装备"、国家抗震救灾"十一五"专项课题《地震灾区建筑垃圾资源化技术及其示范生产线》和国家科技支撑项目"地震灾区建筑垃圾资源化与抗震节能房屋建设科技示范"等基础研究项目，以及科技部科研院所社会公益研究专项"混凝土耐久性标准化试验及评价方法研究"、科技部科研院所技术开发项目"绿色高性能混凝土关键技术研究"、中国建筑科学研究院标准科研项目"混凝土长期性能和耐久性能试验方法研究"、国家社会公益性研究项目"混凝土耐久性标准化试验及评价方法研究"。近年来，我国的一些研究机构和预拌混凝土生产企业还针对废水和废浆综合利用等开展研究工作，并积累了一定的研究成果和应用经验。国内重点混凝土工程机械生产企业针对绿色生产设备设施进行了系统研究，并开发出不同系列的环保型搅拌站，为绿色生产提供了物质基础。

近年来，北京、上海、福建和江苏等省市地方政府先后编制了预拌混凝土搅拌站绿色生产管理相关地方标准，出台了节能减排、发展绿色经济的产业政策，积极打造绿色产业链，促进了我国混凝土行业由传统资源消耗型产业向绿色环保型产业升级。在上述地方标准和产业政策推动下，我国东部经济发达地区或先进的预拌混凝土生产企业普遍注重产业升级，通过绿色生产搅拌站（楼）建设或改造工作，涌现了一大批绿色生产示范企业。具体陈述如下：

1. 绿色生产地方标准

2008 年，上海和福建分别制定了《预拌混凝土和预制混凝土构件生产质量管理规程》DG/TJ 08-2034—2008 和《预拌混凝土生产施工技术规程》DBJ 13-42—2008 地方标准。2009 年，北京市发布地方标准《预拌混凝土生产管理规程》DB 11/642—2009。2011 年，北京市和江苏省发布了《预拌混凝土质量管理规程》DB 11/385—2011 和《预拌混凝土绿色生产管理规程》DGJ 32/TJ119—2011。2014 年，北京市和重庆市发布了《预拌混凝土绿色生产管理规程》DB 11/642—2014 和《预拌混凝土绿色生产管理规程》DBJ 13-151—2012。上述标准均涉及预拌混凝土绿色生产的技术内容。

2. 地方相关产业政策

为了提高预拌混凝土绿色生产和管理技术水平，建设环境友好型搅拌站（楼），实现混凝土行业的可持续发展。不同地方政府先后出台了不同的产业政策，并对当地预拌混凝土生产企业的生产和经营活动进行了市场引导。以上海和北京为例，相关产业政策如下：

（1）上海市《关于推进本市环保型拌站建设若干要求（试行）的通知》

2010 年 10 月，上海市安全质量监督总站下发了《关于推进本市环保型拌站建设若干要求（试行）的通知》和《混凝土搅拌站环保标准》，对新建搅拌站的环境区域、搅拌站环保配套设施、粉尘噪声排放和搅拌楼、料场的防尘封闭、废料废水再利用以及道路、车辆设备清洁等方面都作了明文规定，要求全市各搅拌站两年内逐步实施和完成环保型搅拌站建设，对环保不达标的搅拌站将清退出上海建筑市场。通知强调，推行环保型搅拌站是上海市混凝土企业的发展方向，通过开展环保达标的检查和认定，促使搅拌站经营者既要抓好经营生产、拓展市场，又要有精力和财力抓好搅拌站环保建设，真正做到"两手抓"和"两手硬"，双管齐下，抓出成效，这不仅是企业承担社会责任的需要，更是企业自身发展的需要。

（2）北京市预拌混凝土搅拌站治理整合专项工作规划

2009年10月13日，为贯彻实施《北京市人民政府关于发布本市第十五阶段控制大气污染措施的通告》（京政发〔2008〕38号），实现"对混凝土搅拌站进行治理和整合"与"保留的搅拌站必须达到绿色生产标准"的目标，促进北京市预拌混凝土行业健康、稳定、可持续发展，满足北京市城乡建设的需要，北京市出台了《预拌混凝土搅拌站治理整合专项工作规划》。在北京市行政区域内，对符合《北京市预拌混凝土搅拌站治理整合专项工作规划》要求和具有预拌混凝土专业资质的搅拌站，要按照《北京市预拌混凝土生产管理规程》DB 11/642—2009的要求对生产线的环保设施进行完善改造。

（3）北京市2013-2017年清洁空气行动计划重点任务分解

2013年8月23日，北京市人民政府办公厅发布《北京市2013—2007年清洁空气行动计划重点任务分解》，提出到2017年全市空气中的细颗粒物（PM2.5）年均浓度比2012年下降25％以上，控制在60μg/m³左右。为实现此目标，对全市混凝土搅拌站提出下述具体管理措施：

1）压缩全市混凝土搅拌站规模：2013年，完成整合任务，确定保留的规模总量，五环路内未通过治理整合的混凝土搅拌站基本退出，完成全市搅拌站物料储运系统、料库密闭化改造；

2）2014年，制定并实施全市无手续、无资质搅拌站关闭拆除方案和未通过治理整合的在册搅拌站退出方案；

3）2015年，实现全市未通过治理整合的混凝土搅拌站基本退出，全市混凝土搅拌站控制在135家左右；

4）加强监管，不断提高标准，督促保留的预拌混凝土搅拌站严格落实绿色生产相关管理规定，示范推广更加节能环保的绿色搅拌站。

（4）北京市空气重污染应急预案

2013年10月16日，北京发布《北京市空气重污染应急预案》。该应急预案规定的空气重污染分为四个预警响应级别，由轻到重顺序依次为四级、三级、二级、一级，分别用蓝、黄、橙、红标示。方案中的应急措施分为三类，分别为健康防护措施、建议性污染减排措施和强制性污染减排措施。可采用"停产、停工、停放、停烧、停车和停课"六停一冲措施。以预测未来持续三天出现严重污染而发出红色预警响应为例，此时的措施包括机动车将实施单双号限行措施，运输渣土、砂石等易扬尘的车辆（含搅拌站运输砂石用车辆）将全部停驶。

3. 绿色生产示范企业

以上海城建物资有限公司、中建商品混凝土有限公司和深圳为海集团为代表的预拌混凝土绿色生产示范企业，不仅具有成套的绿色生产和管理技术，在全国各地建立了现代化、花园式预拌混凝土生产基地，而且荣获国家高新技术企业称号，实现了从传统混凝土生产商向高新技术型现代混凝土生产企业的角色转变，绿色生产整体水平与欧美发达国家基本一致。

2.3　通用技术及管理措施

2.3.1　工艺设备

实施绿色生产时，搅拌站（楼）的上料、配料、搅拌等环节可通过封闭以达到降低噪声和粉尘排放的目标。当预拌混凝土生产企业位于城区或人口密集区域时，搅拌站（楼）主体二层及以上部分宜密闭，生产、运输、泵送、试验等设备应符合低噪声、低能耗、低排放等技术要求，并符合地方环保标准规定。在骨料的储存、卸料、场内搬运以及上料过程中，均应采取抑制生产性粉尘和噪声排放的技术措施。搅拌主机和筒仓必须使用功能良好的除尘装置，其滤芯等易损装置应定期保养或更换。

2.3.2　生产管理

现代混凝土生产管理涉及内容繁多，应通过管理制度建设和专业人员培训，确定科学、合理的生产管理体系，实现管理工作的规范化和程序化。例如，利用预拌混凝土企业的生产管理系统ERP实现人财物的高效流动；对集尘、降噪的设备设施定期检查维护，检测或计量设备定期送至有资质的第三方校准单位进行校准；强化关键生产设备和生产环节的质量控制，防止混凝土质量产生较大波动；对生产过程中产生的废水、废浆和废弃混凝土及时处置；对混凝土运输车入料口和卸料斗及时清理；制定运输管理规章制度，提高混凝土运输车运输效率且保证道路和环境卫生达标；合理地安排生产计划，避免管理不善造成的材料浪费和环境影响等。

2.3.3　生产废水和固体废弃物的循环利用

实现生产废水、废浆和废弃混凝土的循环利用，对于节约水资源，节约原材料和环境保护意义重大。实施绿色生产时，应严格控制生产废水和废浆的性能指标，通过系统试验确定其循环利用的途径及用量，确保应用结果的合理性。废弃混凝土循环利用时，应分门别类进行处置，确保循环利用效果。由于混凝土生产过程中，生产废水和废弃混凝土产出比例相对较低，当采用合理的技术措施时，完全可以实现生产废水、废浆和废弃混凝土的循环利用。因此，该循环利用环节更多应关注砂石回收装置、废水和废浆处置系统等设备配置和实际运行制度建设，通过应用技术和管理制度的完美结合，从而实现绿色环保的生产目标。

2.3.4　绿色生产评价和产品认证

实行绿色生产评价和产品认证制度，可加强混凝土生产的过程控制，使预拌混凝土配制、生产、使用以及回收的整个过程都符合特定的环保要求，对生态无害或危害极小，并有利于资源的再生与回收，是企业冲破销售壁垒，增强市场竞争力的"绿色通行证"。绿色生产评价和产品认证是绿色生产管理的外延要求，有利于企业从根本上转变生产经营模式，推动企业的内部质量管理体系和环境管理体系的建立，引导企业按照循环经济的要求改进生产设计、生产工艺和生产过程，推动企业管理走向科学化、规范化和制度化。

第3章　发展趋势及存在问题

从欧美发达国家的混凝土年产量变化规律可知，经济发展形态、城市化进程和国家基础建设规模等因素均显著影响预拌混凝土年产量。目前我国处于城市化中期加速阶段，预拌混凝土大规模生产仍然将持续一段时间。未来几年内，因混凝土产能过剩而形成的激烈市场竞争将广泛存在，而技术创新能力强、品牌美誉度高、产业链更加完整、以集团化形式发展的预拌混凝土生产企业将拥有更多的竞争优势。因此，预测未来几年内，我国将出现一批具有世界竞争优势的大型混凝土生产企业集团，其自身具备系统性、规模化的水泥、骨料和混凝土综合生产能力，通过技术创新、优化资源配置和提高产能利用率而获得广泛经济效益，并推动混凝土市场形成新的竞争秩序。

我国《国民经济和社会发展第十二个五年规划纲要》明确提出：面对日趋强化的资源环境约束，必须增强危机意识，树立绿色、低碳的发展理念，以节能减排为重点，健全激励与约束机制，加快构建资源节约、环境友好的生产方式和消费模式，增强可持续发展能力，提高生态文明水平。编制《预拌混凝土绿色生产及管理应用技术规程》将为预拌混凝土行业可持续发展提供技术依据，为预拌混凝土绿色生产评价提供技术指标。此外，编制规程将有助于更多省市混凝土行业主管部门实施监管工作，出台更多具有鲜明地方特色的预拌混凝土绿色生产地方标准，推动地方淘汰落后产能，提高产能利用率，引导预拌混凝土生产企业走上绿色生产的可持续发展道路。

实践表明，推广预拌混凝土绿色生产和管理技术是一个系统工程，目前尚存在诸多问题需要克服。为了有效推进绿色生产，必须从国家层面出台行业发展指导政策，以绿色生产星级评价工作为核心，引入市场竞争机制，推动绿色生产及管理技术的全面进步。具体而言，当前应从下述五个方面开展工作，以推动我国预拌混凝土绿色生产快速发展：一是各级政府应出台配套政策，鼓励和引导绿色生产发展方向，当前核心工作内容是落实《住房城乡建设部、工业和信息化部　关于推广应用高性能混凝土的若干意见》，鼓励地方政府出台更多配套政策，早日形成更多预拌混凝土生产企业自发采用绿色生产和管理技术的工作局面；二是要建立健全涵盖绿色生产评价内容的标准体系，以《预拌混凝土绿色生产及管理技术规程》JGJ/T 328—2014 为依据，各省市可编制并形成具有地方特色的绿色生产地方标准，同时应保证绿色生产星级评价工作的一致性；三是要鼓励企业技术创新，推进预拌混凝土行业的技术进步和设备的升级改造，淘汰落后的生产技术和相关设备设施，在确保混凝土质量的前提下，不断提高节能、环保和利用废弃物的技术水平，发挥技术创新先进企业和绿色生产达标企业的示范作用；四是要加强企业管理，建立现代企业管理制度，推广先进管理技术，提高绿色生产管理水平；五是要发挥混凝土行业协会和学会等平台的作用，加强行业引导和企业自律工作建设，充分宣传绿色生产对于行业发展的重要意义，积极开展专业人才培训等工作。

本篇主要起草人：韦庆东、孙俊

参考文献

［1］ 商务部、公安部、建设部、交通部关于限期禁止在城市城区现场搅拌混凝土的通知. http://www.mohurd.gov.cn/zcfg/jsbwj_0/jsbwjcsjs/200611/t20061101_157094.html.

［2］ 国家中长期科学和技术发展规划纲要（2006-2020 年）. http://www.most.gov.cn/mostinfo/xinxifenlei/gjkjgh/200811/t20081129_65774.htm.

［3］ 2013 年度世界混凝土企业十强评选揭晓. http://www.cnrmc.com/zhuanti/show.php? itemid＝286.

［4］ Green Star Program. Document-Rev，1.1，http：//www.nrmca.org/operations/ENVIRONMENT/certifications_greenstar.htm.

9

第2篇 编制工作概况

第1章 任 务 来 源

根据住房和城乡建设部"关于印发 2012 年工程建设标准规范制订修订计划的通知"（建标〔2012〕5 号）文的要求[1]，由中国建筑科学研究院和博坤建设集团公司会同有关单位共同编制行业工程标准《预拌混凝土绿色生产及管理技术规程》。

本规程编制目的是为预拌混凝土绿色生产过程中的厂址选择和厂区要求、设备设施、控制要求、监测控制和绿色生产评价环节提供技术和管理依据，确保预拌混凝土生产满足节能、节地、节水、节材和环境保护的"四节一环保"要求，做到预拌混凝土绿色生产的技术先进、经济合理、安全适用和可持续发展。

第2章 工作简况

2.1 编制组成立暨第一次工作会议

2012 年 4 月 10 日，在中国建筑科学研究院召开编制组成立暨第一次工作会议。住房和城乡建设部标准定额研究所姚涛工程师、住房和城乡建设部建筑结构标准化技术委员会朱爱萍副研究员、中国建筑科学研究院建筑材料研究所总工冷发光研究员以及编制组全体成员等共 28 人参加了本次会议。

编制组成立会议由朱爱萍副研究员主持。姚涛工程师代表上级主管部门充分肯定本规程编制的重要意义，并强调标准编制应注意的标准化工作的严肃性、程序的规范性、标准之间的协调性和按进度完成的重要性。冷发光研究员代表主编单位感谢各级领导在标准立项等方面给予的大力支持，感谢各参编单位和编制组成员对标准制订工作的支持，并表示为标准编制工作提供全面支持，保证标准制订工作圆满完成。朱爱萍副研究员宣布了参编单位及编制组成员名单，要求编制组按照工作程序和进度要求，按期高质量完成标准制订工作。

随后，编制组召开第一次工作会议。主编韦庆东副研究员介绍前期工作情况和编制大纲；编制组详细讨论并进一步完善了编制大纲技术内容；分工确定各参编单位的工作任务；讨论并安排工作进度。与会专家经过认真讨论，形成并通过了编制大纲，会议为标准的顺利编制奠定了良好的基础。

编制组成员名单　　　　　　　　　　　　　　　表 2.1

序号	工作单位	参编人员
主编单位		
1	中国建筑科学研究院	韦庆东、周永祥、 丁 威、冷发光
2	博坤建设集团公司	余尧天、王利凤
参编单位		
1	江苏大自然新材料有限公司	仇心金
2	上海城建物资有限公司	徐亚玲
3	中建商品混凝土有限公司	吴文贵
4	江苏博特新材料有限公司	刘加平
5	河北建设集团有限公司混凝土分公司	刘永奎
6	江苏铸本混凝土工程有限公司	龙 宇
7	广东省建筑科学研究院	王新祥
8	新疆西部建设股份有限公司	朱炎宁

序号	工作单位	参编人员
9	上海建工材料工程有限公司	吴德龙
10	深圳市安托山混凝土有限公司	梁锡武
11	辽宁省建设科学研究院	王 元
12	北京金隅混凝土有限公司	陈旭峰
13	华新水泥股份有限公司	齐广华
14	天津港保税区航保商品混凝土供应有限公司	戴会生
15	北京天恒泓混凝土有限公司	高金枝
16	深圳市为海建材有限公司	杨根宏
17	天津市澳川混凝土科技有限公司	郭 杰
18	舟山市金土木混凝土技术开发有限公司	周岳年
19	浙江建工检测科技有限公司	吴国峰
20	浙江省台州四强新型建材有限公司	杨晓华

2.2 第二次工作会议

2013年7月22～24日在上海城建物资有限公司会议室召开了第二次工作会议。编制组成员共14人参加了本次会议。

标准主编韦庆东副研究员主持本次工作会议。会议主要工作如下：首先，与会人员听取标准主编韦庆东副研究员介绍标准编制前期的主要工作内容；然后，参会人员逐章、逐节和逐条讨论标准条文内容，对噪声、生产性粉尘和生产废水等重点技术内容进行深入讨论，修改完善了征求意见稿；最后，会议形成并通过了征求意见稿，达到了预期目的。

2.3 第三次工作会议

2013年9月26日在中国建筑科学研究院建材所会议室召开了第三次工作会议。编制组成员共12人参加了本次会议。

标准主编韦庆东副研究员主持本次工作会议。会议主要工作如下：首先，与会成员针对规程《征求意见处理汇总表（初稿）》进行讨论并处理，形成《征求意见汇总处理表》；然后，与会人员根据征求意见对规程征求意见稿修改，形成送审稿；最后，经过与会专家的热烈讨论，会议集中审核并形成了规程送审系列材料，达到了预期目的。

2.4 调研工作

主编单位在标准制订计划下达后，组织编制组对国内外与预拌混凝土绿色生产相关的标准规范、标准使用效果和政策法规等进行了全面调研。在生产性粉尘排放方面，主要调研了加拿大混凝土协会《加拿大预拌混凝土环境保护管理指南》[2]、美国预拌混凝土协会《预拌混凝土绿色之星认证项目》、加拿大环境保护部《大气污染物排放指南》和美国空气质量标准，以及我国《环境空气质量标准》GB 3095—2012、《水泥工业大气污染物排放标准》GB 4915—2013、环境保护部《关于实施〈环境空气质量标准〉GB 3095—2012 的通知》（环发［2012］11 号）等。在厂界噪声方面，主要调研了《工业企业厂界环境噪声排放标准》GB 12348—2008 和《声环境质量标准》GB 3096—2008 等。在固体废弃物循环利用和混凝土质量控制技术方面，主要调研了日本《再生骨料和再生混凝土使用规范》JIS TR A 0006、美国《混凝土骨料标准》ASTM C33—08、欧洲《混凝土拌合用水》BS EN 1008—2002，以及我国《预拌混凝土》GB/T 14902—2012、《混凝土用水标准》JGJ 63—2006、《混凝土用再生粗骨料》GB 25177—2010、《混凝土和砂浆用再生细骨料》GB/T 25176—2010、《混凝土质量控制标准》GB 50164—2011 和《普通混凝土配合比设计规程》JGJ 55—2011 等。在生产管理方面，主要调研了《质量管理体系要求》GB/T 19001—2008、《环境管理体系要求及使用指南》GB/T 24001—2004 和《职业健康安全管理体系要求》GB/T 28001—2011 等。

主编单位还组织编制组对国内几十家预拌混凝土生产企业进行生产调研，重点调研其厂区分布、绿色生产设备设施配置、控制技术和监测控制技术应用情况等。调研城市覆盖北京、上海、山东、天津、山西、广东、辽宁、湖北和重庆等省市。在实际调研过程中，还对不同预拌混凝土绿色生产过程中的粉尘、噪声排放进行了监测，获得约近百组粉尘、噪声排放监测数据。通过对近二十家搅拌站（楼）进行绿色生产试评价，比较全面了解了我国绿色生产和管理技术水平，为绿色生产星级评价指标体系设计、指标技术要求和星级评价要求提供了重要依据。

2.5 征求意见稿及征求意见

2013 年 7 月，在充分调研、系统分析国内外标准、内部充分研讨的基础上，主编单位提出了规程征求意见稿，并报主编单位主管部门审查。经过编制组第二次工作会议与会专家的集中讨论，于 2013 年 8 月形成了征求意见稿。

2013 年 8 月 19 日，由中国建筑科学研究院发文，征求意见稿通过邮寄、电子信箱等方式被发送全国混凝土生产企业、科研部门、检测部门、高等院校及生产企业等单位广泛征求意见，并通过国家工程建设标准化信息网进行网上征求意见。截止到 2013 年 9 月 18 日，共收到征求意见 63 条。主编单位对回函意见进行汇总、分析、归纳和处理，形成了《征求意见处理汇总表》。经过意见汇总和编制组第三次工作会议讨论修改，完成了标准送审稿，并完成条文说明、送审报告等相关资料的编写，形成成套送审文件。

2.6 送审稿审查

2013 年 11 月 12 日，经住房和城乡建设部标准定额司同意，住房和城乡建设部建筑结构标准化技术委员会在北京组织召开了《预拌混凝土绿色生产及管理技术规程》（送审稿）审查会议。住房和城乡建设部建筑结构标准化技术委员会朱爱萍副研究员主持会议，住房和城乡建设部标准定额研究所姚涛工程师参加了会议并代表标准主管部门对审查会议提出了具体要求。会议成立了以杨再富教授级高工为主任委员、郝挺宇教授级高工为副主任委员的审查专家委员会。编制组成员参加了会议。

委员会	姓名	工作单位	职称	专业
主任委员	杨再富	重庆建工新型材料有限公司	教授级高工	建材
副主任委员	郝挺宇	国家工业建筑诊断与改造工程技术研究中心	教授级高工	建材、质检
委员	闻德荣	天津市混凝土协会	教授级高工	建材
委员	蒋勤俭	北京榆构有限公司	教授级高工	建材
委员	兰明章	北京工业大学	教授	建材
委员	尚百雨	北京新奥混凝土公司	高工	混凝土
委员	李景芳	中建材料工程研究中心	教授级高工	建材
委员	蔡亚宁	北京城建集团有限责任公司	教授级高工	混凝土
委员	施钟毅	上海市建筑科学研究院	教授级高工	建材
委员	沈骥	合肥天柱包河特种混凝土有限公司	高工	混凝土

审查委员会在听取了编制组关于标准编制过程、主要技术内容、重点审查内容的汇报后，对标准逐章、逐条进行了认真审查。审查委员会认为：该规程对预拌混凝土绿色生产的技术要求及管理评价提出了具体的规定；送审资料齐全，符合现行的法律、法规和技术政策要求，符合工程建设标准编写规定，该规程与国家现行相关标准协调一致。审查专家委员会一致认为，该规程总体上达到国内领先水平。审查专家委员会也对该规程送审稿提出了一些具体修改意见和建议。

最后，审查专家委员会一致同意该规程送审稿通过审查。会议要求编制组尽快根据审查会议的意见和建议进行修改和完善，形成报批稿，并尽快上报。

2.7 报批稿审查

2013年12月13日，根据上级主管部门的指导意见，主编单位对本规程报批稿中第8章进行补充和完善，将条文说明中的绿色生产评价内容表变更为附录A、附录B和附录C，形成了指标体系完整、分值权重清晰的绿色生产评价指标体系。利用第8章绿色生产评价规定，对我国18家典型预拌混凝土生产企业进行预评价，结果表明该绿色生产评价指标体系符合我国现阶段预拌混凝土绿色生产和管理实际情况，并有助于提高和推动我国预拌混凝土绿色生产和管理技术水平。

由于本次修改不涉及重大技术指标调整，经住房和城乡建设部建筑结构标准化技术委员会同意，主编单位将修改后的报批稿发给审查专家委员会主任委员进行函审。函审专家一致同意将完善后的报批稿进行上报。

第3章 规程主要内容和特点

3.1 主要内容

1. 总则

本章提出了《规程》的编制目的和适用范围，规定了专项试验室监测噪声和生产性粉尘的能力，以及不得向厂界以外直接排放生产废水和废弃混凝土的原则。《规程》适应于预拌混凝土绿色生产、管理及评价。

2. 术语

本章规定了涉及绿色生产和管理的废浆、生产废水处置系统、砂石分离机、厂界、生产性粉尘、无组织排放、总悬浮颗粒物、可吸入颗粒物和细颗粒物9个术语。

3. 厂址选择和厂区要求

本章分别规定了厂址选择和厂区要求。厂址选择主要规定了厂址的规划、建设和环保要求，以及合理利用地方资源和方便供应产品的要求，以期引导、规范搅拌站（楼）建设，达到降低生产成本的目标。厂区要求主要规定了生产区、办公区和生活区分区，道路硬化，厂区内绿化，生产废弃物存放，生产废水处置系统和雨水收集系统，门前三包等内容，突出强调"整体布局，功能分区"的要求。

4. 设备设施

预拌混凝土生产选用技术先进、低噪声、低能耗、低排放的搅拌、运输和试验设备是绿色生产的重要内容。本章针对绿色生产涉及的重要设备设施做出了技术规定或要求，其中包括：搅拌、运输和试验设备选用；搅拌站（楼）封闭；除尘装置；搅拌层和称量层水冲洗装置；卸料口；料位控制系统；骨料堆场；配料地仓和配料用皮带输送机；处理废弃新拌混凝土的设备设施（小型预制构件成型设备、砂石分离机和压滤机等）；运输车清洗装置；实时监控系统等。

搅拌站（楼）采用整体封闭式或开放式生产方式均可。绿色生产的核心是严格控制搅拌站（楼）的噪声和生产性粉尘的排放，并满足本规程技术指标要求，避免搅拌站（楼）生产对厂界外区域产生较大负面影响。通过安装除尘装置和加强生产管理等措施，开放式生产也可满足上述要求。

5. 控制要求

本章规定了原材料、生产废水和废浆、废弃混凝土、噪声、生产性粉尘、运输管理和职业健康安全等指标，以及绿色生产及管理技术要求，突出了噪声和生产性粉尘的控制技术指标。

（1）原材料

粉尘或噪声排放主要起因于原材料的运输、装卸和存放。本节对原材料运输、装卸和存放，大宗粉料使用方式，以及纤维等特殊原材料掺加分别做出规定。

（2）生产废水和废浆

对生产废水和废浆循环利用，达到节水、减污目的，保护珍贵水资源是绿色生产的重要内容之一。本节规定内容如下：对生产废水处置系统提出要求，强调系统性和完整性；对生产废水和废浆用于预拌混凝土生产做出具体技术规定，明确生产废水、废浆不宜用于制备预应力混凝土、装饰混凝土、高强混凝土和暴露于腐蚀环境的混凝土，不得用于制备使用碱活性或潜在碱活性骨料的混凝土，保证混凝土质量；规定生产废水可用于硬化地面降尘和生产设备冲洗，强调生产废水利用方式的多元化和灵活性。

（3）废弃混凝土

混凝土生产企业早期利用废弃新拌混凝土成型小型构件，取得了较好的经济效益。近年来，利用砂石分离机处理废弃新拌混凝土成为主要方式，利用压滤机处置废浆也是常见技术手段。废弃硬化混凝土循环利用有两个途径，其一是预拌混凝土企业生产再生骨料并本地化消纳，其二是由其他固体废弃物再生利用机构集中消纳利用。本节针对废弃新拌混凝土和硬化混凝土的循环应用分别做出了技术规定，实现节材目的。

（4）噪声

本节规定了混凝土企业控制噪声的标准依据及整体要求，厂界和厂区声环境划分及噪声最大限值，主要设备降噪处理，以及临近居民区时安装隔声装置的技术要求。

在实际生产过程中，应根据声环境功能区域不同，差异化地来控制噪声排放。编制组的调研和实际监测结果表明，绿色生产水平较高的搅拌站（楼）的环境噪声最大值能够满足本规程表5.4.2要求。

（5）生产性粉尘

本节规定了混凝土企业控制生产性粉尘的标准依据及整体要求，厂界环境空气功能区类别划分及总悬浮颗粒物、可吸入颗粒物和细颗粒物的浓度控制要求，厂区内生产时段无组织排放总悬浮颗粒物的1h平均浓度，以及通用防尘技术措施。由于厂界平均浓度大小直接影响周边环境，所以必须严格控制总悬浮颗粒物、可吸入颗粒物和细颗粒物三个指标，以便及时、全面掌握混凝土生产性粉尘排放情况，避免扰民现象产生。厂区内无组织排放总悬浮颗粒物主要来源于搅拌站（楼）的计量层、搅拌层和骨料堆场，通过控制上述几个场所总悬浮颗粒物浓度，可有效控制厂区内空气质量。

厂界环境空气功能区类别划分和环境空气污染物中的总悬浮颗粒物、可吸入颗粒物和细颗粒物的浓度控制要求应符合本规程表5.5.2的规定。其中厂界平均浓度差值应是在厂界处测试1h颗粒物平均浓度与当地发布的当日24h颗粒物平均浓度的差值。在厂区内生产时段，搅拌站（楼）的计量层和搅拌层，骨料堆场，以及搅拌站（楼）的操作间、办公区和生活区的无组织排放总悬浮颗粒物的1h平均浓度应符合本规程5.5.3条规定。

编制组的调研和实际监测结果表明，绿色生产水平较高的搅拌站（楼）的总悬浮颗粒物、可吸入颗粒物和细颗粒物的排放能够满足本规程表5.5.2要求。

（6）运输管理

本节针对运输车污染物排放、运输过程卫生、运输调度及定位系统，运输车辆冲洗用水等分别做出规定。

（7）职业健康安全

以人为本是绿色生产的核心价值观。本节针对安全生产、个人防护和体检，以及安全标识分别做出规定。

6. 监测控制

对生产性粉尘、生产废水和废浆以及环境噪声等监测对象进行有效监测是绿色生产及管理的核心环节。监测包括自我监测和第三方监测两种方式，监测时应注意监测资料的完整性、监测方法的规范性、监测结果的真实性、权威性和合理性。本章对绿色生产监测控制对象、监测方式、监测频率，生产废水、废浆检测，粉尘测点分布、监测方法和评价，噪声测点分布、监测方法和评价分别提出具体技术要求，并对定期检查和维护除尘、降噪和废水处理等环保设施做出具体规定。

7. 绿色生产评价

预拌混凝土绿色生产评价的核心是评价指标体系组成及评价指标要求。本章规定了评价指标体系组成，评价等级、总分和评价指标要求，一星级评价要求，二星级评价要求和三星级评价要求。本章还规定评价控制项应为绿色生产的必备条件，一般项为划分绿色生产等级的可选条件。一般项的单项可不合格。

附录 A. 绿色生产评价通用要求

绿色生产评价通用要求适用于不同星级绿色生产评价，但是评价总分要求各不相同，用以体现不同的绿色生产及管理技术水平。它包括厂址选择和厂区要求、设备设施、控制要求和监测控制四类指标，均为绿色生产的基本控制技术指标，包括 5 个控制项和 25 个一般项。申报一星级绿色生产评价时，申报单位要满足绿色生产评价通用要求的评价总分要求。绿色生产评价达到二星级和三星级等级时，必须具备通用要求所规定的设备设施条件。

附录 B. 二星级及以上绿色生产评价专项要求

二星级绿色生产等级代表预拌混凝土绿色生产及管理更高水平。二星级及以上绿色生产评价专项要求体现了废弃物利用、噪声和生产性粉尘的较高控制技术水平，以及环境管理和质量管理的更高管理技术水平，包括 3 个控制项和 5 个一般项。申报二星级绿色生产评价时，申报单位首先要满足绿色生产评价通用要求的评价总分要求，其次要满足二星级及以上绿色生产评价专项要求的评价总分要求，最后满足累计评价总分要求。

附录 C. 三星级绿色生产评价专项要求

三星级绿色生产等级代表预拌混凝土绿色生产及管理最高水平。三星级绿色生产评价专项要求体现了废弃物利用、噪声和生产性粉尘的更高控制技术水平，以及职业健康和安全管理的更高管理技术水平，包括 3 个控制项和 3 个一般项。申报三星级绿色生产评价时，申报单位首先要满足绿色生产评价通用要求的评价总分要求，其次要满足二星级及以上绿色生产评价专项要求的评价总分要求，然后满足三星级绿色生产评价专项要求的评价总分要求，最后满足累计评价总分要求。

3.2 主要特点

1. 参照国内外相关先进技术标准和生产经验，基于国情和实际调研情况，规定了预拌混凝土绿色生产涉及的厂址选择和厂区要求、设备设施，生产废水、废浆、噪声、生产性粉尘、废弃混凝土等控制技术，以及绿色生产监测和评价的技术指标；

2. 提出了厂界生产性粉尘排放控制基于"增量控制"的大气总悬浮颗粒物、可吸入颗粒物和细颗粒物的浓度差值技术指标，提出了厂区内生产性粉尘排放控制基于"总量控制"的大气总悬浮颗粒物的浓度值技术指标，具有较好的可操作性，控制指标偏于严格；

3. 规定了生产废水（包括废浆静置后的澄清水）用于混凝土生产时的技术指标，以保证混凝土质量，并节约用水；

4. 规定了厂界和厂区噪声控制技术指标，有利于企业明确自身责任；

5. 规定了预拌混凝土绿色生产评价指标体系，并对不同等级绿色生产评价提出评价要求；

6. 完善了我国建筑工程领域的绿色设计、绿色施工、绿色生产和绿色建筑评价的绿色标准体系。

第4章 技术水平、存在问题和后续工作

4.1 技术水平

本规程针对厂址选择和厂区要求、设备设施、控制要求、监测控制和绿色生产评价各个方面规定了绿色生产及管理技术，不仅能够合理控制生产噪声和粉尘，循环利用生产废水和废弃混凝土，降低生产能耗，节约生产原材料和土地，而且能够提高空气质量并避免扰民，体现节能、降耗、减排的和谐发展理念。

本规程针对厂界和厂区的生产性粉尘排放分别给出"增量控制"和"总量控制"两个指标，针对厂界和厂区的噪声排放给出差异性控制指标，依据我国《城镇排水与污水处理条例》规定了废浆和生产废水的循环利用技术指标，提出绿色生产的厂址选择、设备设施、监测、评价以及管理技术等要求，整体达到国内领先水平。

本规程的发布实施将有效指导预拌混凝土绿色生产和管理技术的科学、合理应用，保证混凝土质量，社会效益和经济效益显著。对于推动预拌混凝土行业实现绿色生产，满足我国对城乡建设节能、节材、节水、环境保护的新要求具有重要意义。

4.2 尚存问题

我国目前处于城市化中期加速阶段和工业化中期阶段，近三十年的快速发展导致环境保护、资源开发、经济结构和人民生产幸福指数之间存在局部失衡现象。以空气质量为例，环保部《2013年中国环境状况公报》[3]公布的2013年空气质量达标城市比例仅为4.1％，其中京津冀13个城市的PM2.5和PM10都超标，北京市达标天数比例为48.0％。由于我国缺乏针对空气质量的系统性研究数据支持，从而导致汽车尾气、燃煤排放和道路扬尘等不同来源PM2.5对空气质量的影响作用尚不清晰。与之类似，尽管我国预拌混凝土生产企业排放的生产性粉尘总量较少，所占权重也低，但是其对周边生态环境影响作用也尚不清楚。为了达到既保证"四节一环保"绿色生产要求，又能保证混凝土质量、减少噪声扰民以及改善空气质量目的，本规程对生产用废水和废弃混凝土的处置、利用和监测给出了具体规定，并参照现行国家环境标准给出了厂区和厂界的噪声和生产性粉尘排放技术指标和监测规定，在某些技术指标规定上偏于严格。为了促进我国预拌混凝土绿色生产和管理技术发展，差异性的反应不同混凝土生产企业绿色生产技术水平，在借鉴国外先进经验的基础上，本规程提出了预拌混凝土绿色评价技术规定。

随着我国环境保护工作的逐步深入以及混凝土可持续发展要求的不断提高，噪声、生产性粉尘、生产废水和废浆的排放技术指标会越来越严格。当前，由于部分地区缺乏空气质量数据资料，从而会增加生产性粉尘监测和控制难度。此外，全面评价绿色生产技术水

平，还应当包括单位混凝土产品能耗、用水量和用电量等指标。在目前缺乏上述指标的情况下，显然需要主编单位、相关监管部门和预拌混凝土生产企业通过不断积累来获取更多的技术资料，以便于标准修订时能够对相关内容补充完善。

4.3 后续工作

本《规程》涉及厂区规划、设备设施配置、混凝土生产、大气污染物控制和环境噪声控制等内容均为首次制定，因此本规程规定的各技术指标尚需要在工程实践中进行检验。随着我国预拌混凝土绿色生产及管理水平的不断提高，新设备、新工艺、新技术的不断应用，必然会对绿色生产及管理提出新的要求。编制组将继续关注国内外绿色生产及管理技术的发展与进步，及时掌握最新研究成果，不断总结应用经验，并全面收集本《规程》实施过程中各相关单位提出的宝贵意见和建议，为本《规程》的修订完善奠定基础。同时，本规程主编单位将充分利用标准培训宣贯作用，积极开展各类培训，推动我国预拌混凝土绿色生产及管理技术的全面提升。

本篇主要起草人：韦庆东

参考文献

[1]　关于印发 2012 年工程建设标准规范制订修订计划的通知. http://www.mohurd.gov.cn/zcfg/jsbwj_0/jsbwjbzde/201202/t20120221_208854.html.

[2]　Environmental Management Practice for Ready Mixed Concrete Operations in Canada，Canadian Ready Mixed Concrete Association，Aprmca Appendix 1，Revised February 2007.

[3]　2013 年中国环境状况公报. http://jcs.mep.gov.cn/hjzl/zkgb/2013zkgb/.

第3篇　规程内容释义

第1章　总　　则

1.0.1　为规范预拌混凝土绿色生产及管理技术，保证混凝土质量，满足节地、节能、节材、节水和环境保护要求，做到技术先进、经济合理、安全适用，制定本规程。

【条文说明】

1.0.1　我国预拌混凝土通常在预拌混凝土搅拌站（楼）、预制混凝土构件厂及施工现场搅拌楼进行集中搅拌生产。采用绿色生产及管理技术，保证混凝土质量并满足节地、节能、节材、节水和保护环境，对于我国混凝土行业健康发展具有重要意义。

【背景知识】

近年来，我国预拌混凝土绿色生产及管理技术得到快速发展，但是不同地域和企业之间存在较大差异。以生产废水和废弃混凝土为例，规范利用才能保证混凝土质量，推广先进技术，达到节材、节水和环境保护目标，否则可能带来质量或安全隐患。

1.0.2　本规程适用于预拌混凝土绿色生产、管理及评价。

【条文说明】

1.0.2　本条规定了本规程的适用范围。

【背景知识】

广义来讲，预拌混凝土绿色生产及管理涉及众多领域和控制指标。本《规程》规定评价指标体系可由厂址选择和厂区要求、设备设施、控制要求和监测控制四类指标组成。每类指标应包括控制项和一般项。控制项应为绿色生产的必备条件，一般项为划分绿色生产等级的可选条件。一般项的单项可不合格。当控制项不合格时，绿色生产评价结果应为不通过。

根据我国绿色生产星级评价管理办法，一星级和二星级绿色生产评价管理机构为各省市相关部门。

由于我国地域辽阔，气候不同，各地经济发展水平也参差不齐，因此，各地可在本评价体系基础上进行完善和调整，并制订相关地方标准。根据我国标准地位不同，地方标准提出的技术指标应更加严格。因此，地方提出可出台新的评价指标体系，但是应更具有地方适用性、科学性和严格性，并应经相关专家审查论证。

1.0.3　专项试验室宜具备监测噪声和生产性粉尘的能力。

【条文说明】

1.0.3　实施绿色生产时，必须严格控制粉尘和噪声排放并实现动态管理，具备及时发现问题和解决问题的能力。因此，在绿色生产过程除第三方检测外，专项试验室尚需要自身具备检测噪声和生产性粉尘的能力，以加强过程监控力度，特别是二星级及以上绿色生产必须具备噪声和粉尘检测设备。

【评价要点】

1. 评价指标类型

(1) 绿色生产评价通用要求的一般项；

(2) 二星级和三星级绿色生产评价专项要求的控制项。

2. 评价要素

(1) 拥有经校准合格的噪声测试仪，得1分；

(2) 拥有经校准合格的粉尘检测仪，得2分。

3. 核查要点

当星级评价实施机构对申报单位进行评审时，应对专项试验室的噪声和生产性粉尘监测设备进行严格检查，重点检查设备台账和相关购买或使用的证明文件，并按下述规定分别评价：

(1) 噪声和生产性粉尘监测设备的精度满足现行国家标准要求，检测设备应经法定机构校准或鉴定并在有效使用期内。

(2) 一星级评价申报单位不具备噪声和生产性粉尘监测设备，不得分；拥有经校准合格的噪声测试仪，得1分；拥有经校准合格的粉尘检测仪，得2分。

(3) 二星级和三星级评价申报单位必须具备经校准合格的噪声和生产性粉尘监测设备，当不具备时，该控制项评价结果为不通过。

(4) 对于生产规模大、分公司（分站）多的混凝土企业集团来说，每家分公司均配置噪声和粉尘监测设备并不经济合理。当该混凝土企业集团整体配置满足监测要求的监测设备，且各分公司申报星级评价时能够出具与集团之间隶属关系法律证明文件时，应认可该分公司具备噪声和生产性粉尘监测设备，评价结果为通过。

【背景知识】

现有研究成果表明，我国城市的大气污染物来源呈现多元化和复杂化特点。目前我国很多城市的空气质量较差，给环境保护和人民生活带来较大压力。尽管工地扬尘及混凝土生产所产生的粉尘在大气污染物中所占比例较小，但是由于很多混凝土生产企业位于城市中心，极易直接对周边环境产生较大压力。因此，混凝土生产企业必须严格控制噪声和粉尘排放，并及时监测排放指标以满足现行标准要求，实现与周边环境的和谐共存。

拥有经校准合格的粉尘检测仪，最好能同时监测PM2.5、PM10和PM100三类大气污染物。

1.0.4 在绿色生产过程中，不得向厂界以外直接排放生产废水和废弃混凝土。

【条文说明】

1.0.4 预拌混凝土生产废水含有较多的固体，直接排放到厂界外面的河道或市政管道会造成河床污染或管道堵塞，并对环境产生较大的负面影响。直接排放废弃混凝土不仅给环境带来压力，也造成材料浪费。废弃混凝土应按本规程第6章规定循环利用，以达到节材目标。

【评价要点】

1. 评价指标类型

绿色生产评价通用要求的控制项。

2. 评价要素

不向厂区以外直接排放生产废水、废浆和废弃混凝土，得5分。

3. 核查要点

评价实施机构应通过多种方式来判定申报单位是否向厂界以外直接排放生产废水和废弃混凝土：其一是利用申报材料的形式审查；其二是利用现场评审，安排专人沿厂界核查。当综合评审核实申报单位没有向厂界以外直接排放生产废水和废弃混凝土时，该控制项的评价结果为通过，得5分。当评价结果为不通过时，不得分，且绿色生产评价结果为不通过，评审专家应提出整改建议或措施。

【背景知识】

生产废水、废浆和废弃混凝土均可以循环利用。生产废水和废浆含有较多的固体颗粒物，直接排放不仅浪费资源，而且容易导致市政管道堵塞，或者直接污染河道，给社会和生态环境造成较大压力。废弃混凝土直接向厂区外排放不仅占用土地，而且造成了资料浪费。因此，生产废水、废浆和废弃混凝土不能直接排放是绿色生产评价的基本要求。

1.0.5 预拌混凝土绿色生产、管理及评价除应符合本规程外，尚应符合国家现行有关标准的规定。

【条文说明】

1.0.5 预拌混凝土绿色生产、管理和评价涉及不同标准和管理制度规定内容，在使用中除应执行本规程外，尚应符合国家现行有关标准规范的规定。

【评价要点】

1. 评价指标类型

(1)"环境管理"和"质量管理"是二星级及以上绿色生产评价专项要求的一般项；

(2)"职业健康安全管理"是三星级绿色生产评价专项要求的一般项。

2. 评价要素

(1) 质量管理符合现行国家标准《质量管理体系要求》GB/T 19001—2008规定，得3分。

(2) 环境管理符合现行国家标准《环境管理体系要求及使用指南》GB/T 24001—2004规定，得4分。

(3) 职业健康安全管理符合现行国家标准《职业健康安全管理体系要求》GB/T 28001—2011规定，得2分。

3. 核查要点

评价实施机构对二星级申报单位的"环境管理"和"质量管理"分别评价，并给出评价得分；评价实施机构对三星级申报单位的"职业健康安全管理"进行评价，并给出评价得分。各种管理体系制度应分别评价如下：

(1) 质量管理体系制度评价

1) 通过第三方认证机构提供的ISO9001质量体系认证，并在有效运行期内，得3分；

2) 通过第三方认证机构提供的ISO9001质量体系认证且质量管理体系制度仍有效运行，但证书过期一年以内，得2分；

3) 依据国家标准《质量管理体系要求》GB/T 19001—2008要求，申报单位自己建立了完整的质量管理体系制度并有效运行，得2分；

4）依据国家标准《质量管理体系要求》GB/T 19001—2008要求初步建立质量管理体系制度，或获得过第三方认证机构提供的ISO9001质量体系认证但证书过期一年以上，得1分；

5）没有建立质量管理体系制度，不得分。

（2）环境管理体系制度评价

1）通过第三方认证机构提供的ISO 14001环境管理体系认证，并在有效运行期内，得4分；

2）通过第三方认证机构提供的ISO 14001环境管理体系认证且环境管理体系制度仍有效运行，但证书过期一年以内，得3分；

3）依据国家标准《环境管理体系要求及使用指南》GB/T 24001—2004要求，申报单位自己建立了完整的环境管理体系制度并有效运行，得2分；

4）依据国家标准《环境管理体系要求及使用指南》GB/T 24001—2004要求初步建立环境管理体系制度，或获得过第三方认证机构提供的ISO 14001环境管理体系认证但证书过期一年以上，得1分；

5）没有建立环境管理体系制度，不得分。

（3）职业健康安全管理体系制度评价

1）通过第三方认证机构提供的OHSAS 18001职业健康安全管理体系认证，并在有效运行期内，得2分；

2）通过第三方认证机构提供的OHSAS 18001职业健康安全管理体系认证且该管理体系制度仍有效运行，但证书过期，得1.5分；

3）依据国家标准《职业健康安全管理体系要求》GB/T 28001—2011要求，申报单位自己建立了完整的职业健康安全管理体系制度并有效运行，得1分；

4）依据国家标准《职业健康安全管理体系要求》GB/T 28001—2011要求初步建立职业健康安全管理体系，或获得过第三方认证机构提供的OHSAS 18001职业健康安全管理体系认证但证书过期一年以上，得0.5分；

5）没有建立职业健康安全管理体系制度，不得分。

【背景知识】

质量管理体系是指确定质量方针、目标和职责，并通过质量体系中的质量策划、控制、保证和改进来使其实现的全部活动。质量管理体系标准是质量管理实践经验的科学总结，具有通用性和指导性。实施质量管理体系标准，可以促进组织质量管理体系的改进和完善，对于提高组织的管理水平都能起到良好的作用。

环境管理体系是一种有计划性和协调性的组织管理活动。它通过有明确职责、义务的组织结构来贯彻落实，并实现组织自身设定的环境目标，以减少对环境的不利影响，通过不断地改进环境行为，持续达到更好效果。实施环境管理体系对于实现经济可持续发展、提高组织社会责任形象、降低环境风险、提高员工的环保意识等都能起到积极作用。

职业健康安全管理体系是一种现代安全生产管理模式。随着企业规模扩大和生产集约化程度的提高，对企业的质量管理和经营模式提出了更高的要求。为保证所有生产经营活动的科学化、规范化和法制化，企业必须采用现代管理体系和职业健康安全管理体系。实施职业健康安全管理体系对于预防职业病危害，保护劳动者健康，增强员工安全生产意识，确保生产安全，树立企业良好的品质和形象均具有良好的作用。

第 2 章 术 语

2.0.1 废浆 industrial waste nud

清洗混凝土搅拌设备、运输设备和搅拌站（楼）出料位置地面所形成的含有较多固体颗粒物的液体。

【条文说明】

2.0.1 本条文明确了废浆的主要来源及组分。含泥量较高的废浆不宜回收利用。

2.0.2 生产废水处置系统 treatment system of industrial waste water

对生产废水、废浆进行回收和循环利用的设备设施的总称。

【条文说明】

2.0.2 本条文定义的生产废水处置系统包括用于回收目的的收集管道系统和用于沉淀的多级沉淀池系统。当生产废水和废浆用于制备混凝土时，还应包括用于循环利用的计量和均匀搅拌系统，应当注意，使用萘系外加剂生产混凝土形成的生产废水不得和使用聚羧酸系外加剂生产混凝土形成的生产废水相混合使用。当生产废水完全用于循环冲洗或除尘，生产废水处置系统则不包括搅拌系统。

2.0.3 砂石分离机 separator

将废弃的新拌混凝土分离处理成可再利用砂、石的设备。

【条文说明】

2.0.3 砂石分离机通常包括进料槽、搅拌分离机、供水系统和筛分系统，有滚筒式分离机和螺旋式分离机等产品类型。其工作原理是废弃新拌混凝土在水流冲击下通过进料槽进入搅拌分离机，利用离心原理和筛分系统，分离并生产出砂石，伴随产生生产废水。分离出的砂石可部分替代生产用骨料用于生产混凝土。

2.0.4 厂界 boundary

以法律文书确定的业主拥有使用权或所有权的场所或建筑物的边界。

【条文说明】

2.0.4 厂界是由法律文书确定的业主所拥有使用权或所有权的场所或建筑物的边界。现行国家标准《工业企业厂界环境噪声排放标准》GB 12348—2008 规定了"厂界"术语，本规程基本等同采用。

2.0.5 生产性粉尘 industrial dust

预拌混凝土生产过程中产生的总悬浮颗粒物、可吸入颗粒物和细颗粒物的总称。

【条文说明】

2.0.5 根据现行国家职业卫生标准《工作场所职业病危害作业分级第 1 部分：生产性粉尘》GBZ/T 229.1—2012 规定，生产性粉尘分为无机粉尘、有机粉尘和混合性粉尘。预拌混凝土生产过程主要产生无机粉尘，本规程是指总悬浮颗粒物、可吸入颗粒物和细颗粒物的总称。

2.0.6　无组织排放 unorganized emission

未经专用排放设备进行的、无规则的大气污染物排放。

【条文说明】

2.0.6　搅拌站（楼）的大气污染物排放方式主要是无组织排放。

2.0.7　总悬浮颗粒物 total suspended particle

环境空气中空气动力学当量直径不大于 $100\mu m$ 的颗粒物。

【条文说明】

2.0.7　总悬浮颗粒物又称 TSP。现行国家标准《环境空气质量标准》GB 3095—2012 规定了"总悬浮颗粒物"术语，本规程等同采用。

2.0.8　可吸入颗粒物 particulate matter under 10 microns

环境空气中空气动力学当量直径不大于 $10\mu m$ 的颗粒物。

【条文说明】

2.0.8　可吸入颗粒物又称 PM10。现行国家标准《环境空气质量标准》GB 3095—2012 规定了"可吸入颗粒物"术语，本规程等同采用。

2.0.9　细颗粒物 particulate matter under 2.5 microns

环境空气中空气动力学当量直径不大于 $2.5\mu m$ 的颗粒物。

【条文说明】

2.0.9　细颗粒物又称 PM2.5。现行国家标准《环境空气质量标准》GB 3095—2012 规定了"细颗粒物"术语，本规程等同采用。

第3章 厂址选择和厂区要求

3.1 厂址选择

3.1.1 搅拌站（楼）厂址应符合规划、建设和环境保护的要求。

【条文说明】

3.1.1 搅拌站（楼）新建、改建或扩建时，应向所在区（市）规划和建设主管部门提出相关申请和材料，并符合所在区域环境保护要求。具体选址时，宜注意自身对环境和交通可能造成的负面影响。

【评价要点】

1. 评价指标类型

申报单位向评价实施机构提交绿色生产评价材料时，应当包括的材料。

2. 评价要素

搅拌站（楼）厂址应符合规划、建设和环境保护的要求，可通过下列文件资料反映：

（1）搅拌站（楼）设立的相关批件；

（2）申报单位法人证书、营业执照和生产资质证书；

（3）新建搅拌站的环境影响审查批复文件；

（4）改建或扩建搅拌站的环境评估证明材料；

（5）规划、建设和环境保护的其他相关资料。

3. 核查要点

评价实施机构应针对性检查规划、建设和环境保护的文件资料，对申报单位的绿色生产规划和整体技术水平进行初步了解，当上述资料均具备时，评价结果为通过。

3.1.2 搅拌站（楼）厂址宜满足生产过程中合理利用地方资源和方便供应产品的要求。

【条文说明】

3.1.2 厂址选择时应考虑原材料及产品运输距离对成本的影响。减少运输过程的碳排放并降低运输成本。

【评价要点】

1. 评价指标类型

申报单位向评价实施机构提交绿色生产评价材料时，申报单位概述所包括的内容。

2. 评价要素

（1）厂址选择时考虑原材料及产品运输距离对成本的影响，不得分；

（2）减少运输过程的碳排放并降低运输成本，不得分。

3. 核查要点

评价实施机构应通过审核原材料供应商和混凝土用户等信息来判定各类原材料和销售产品的常规运输距离，进而判定其对运输能耗和运输成本的影响。公路、火车和水路等不同运输方式的碳排放相差较大，同样采用汽油、柴油和液化天然气等不同燃料的碳排放也相差较大。核查结果应明确。由于我国城市化和基础建设规模大、发展速度快，这将会造成厂址选择时的市场预期与实际市场需要存在偏差，厂址选择还易受地方产业政策影响，因此评价结果不计入评价总分。

【背景知识】

搅拌站（楼）所用地方材料和所产出混凝土产品的运输方式和运输半径对实现节能、节材和节水的目标影响较大，邻近大宗原材料产地或主要建设工程建立搅拌站是选址基本要求，也是搅拌站的必然选择。

3.2 厂区要求

3.2.1 厂区内的生产区、办公区和生活区宜分区布置，可采取下列隔离措施降低生产区对生活区和办公区环境的影响：

1. 可设置围墙和声屏障，或种植乔木和灌木来减弱或阻止粉尘和噪声传播；

2. 可设置绿化带来规范引导人员和车辆流动。

【条文说明】

3.2.1 绿色生产时应将厂区划分为办公区、生活区和生产区，应采用有效措施降低生产过程产生的噪声和粉尘对生活和办公活动的影响。其中设置围墙或声屏障，或种植乔木和灌木均可降低粉尘和噪声传播。利用绿化带来规范引导人员和车辆流动也是有效措施之一。

【评价要点】

1. 评价指标类型

"功能分区"是绿色生产评价通用要求的一般项。

2. 评价要素

厂区内的生产区、办公区和生活区采用分区布置得1分。

3. 核查要点

评价实施机构应从安全生产、经济、环保角度来重点评审生产区、办公区和生活区之间的彼此相对独立性，以及搅拌站内人员和车辆流动之间的相对独立性，并按下列规定评价：

（1）当厂区内的生产区、办公区和生活区采用了分区布置且分区布置效果合理时，评价结果为合格，得1分；

（2）当厂区内的生产区、办公区和生活区采用了分区布置，但分区布置效果较差，尚存在安全生产隐患或人流与车流之间相互干扰现象时，得0.5分；

（3）生产区、办公区和生活区之间没有分区布置时，不得分。

【背景知识】

搅拌站可因地制宜采用围墙、声屏障、乔木和灌木组成的绿化带等方式来实现功能分区。评价实施机构对厂区要求的功能分区进行评价时，应根据申报单位的厂区规划图或平面布局图并结合现场实际核查功能分区情况。

3.2.2 厂区内道路应硬化，功能应满足生产和运输要求。

【条文说明】

3.2.2 厂区道路硬化是控制道路扬尘的基本要求，也是保持环境卫生的重要手段。应根据厂区道路荷载要求，按照相关标准进行道路混凝土配合比设计及施工。

【评价要点】

1. 评价指标类型

"道路硬化及质量"是绿色生产评价通用要求的控制项。

2. 评价要素

(1) 道路硬化率达到100%，得2分；

(2) 硬化道路质量良好，能保证车辆平稳行驶，得2分。

3. 核查要点

评价实施机构应根据申报单位厂区内的车辆和人员流动情况来评价道路硬化及质量，具体评价如下：

(1) 当道路硬化率达到100%时得2分，当硬化道路质量良好，能保证车辆平稳行驶，得2分，评价结果为通过；

(2) 当道路硬化率和硬化道路质量不满足要求时，评价结果为不通过。

【背景知识】

厂区内道路主要是指混凝土生产过程中的交通车辆运行道路，必要时也包括办公区和生活区的人员集中流动的道路。上述道路应全部硬化，以避免晴天道路扬尘、雨天道路泥泞，并有利于保护环境卫生。很多搅拌站存在道路硬化率不足，或者硬化道路出现破损现象，给安全生产和环境卫生均带来负面影响。

3.2.3 厂区内未硬化的空地应进行绿化或采取其他防止扬尘措施，且应保持卫生清洁。

【条文说明】

3.2.3 厂区内绿化除了保持生态平衡和保持环境作用外，还可以利用高大乔木类植物达到降低噪声和减少粉尘排放的目的。对不宜绿化的空地，应做好防尘措施。

【评价要点】

1. 评价指标类型

(1) "未硬化空地的绿化"是绿色生产评价通用要求的一般项；

(2) "绿化面积"是绿色生产评价通用要求的一般项；

(3) "整体清洁卫生"之"厂区内卫生"是绿色生产评价通用要求的一般项。

2. 评价要素

(1) 厂区内未硬化空地的绿化率达到80%以上，得1分；

(2) 厂区整体绿化率达10%以上，得1分；

(3) 厂区内保持卫生清洁，得1分。

3. 核查要点

评价实施机构应根据申报单位的厂区规划图或平面布局图并结合现场实际核查来评价

厂区内未硬化空地的绿化、绿化面积和整体卫生情况，具体评价如下：

（1）未硬化空地的绿化

1）厂区未硬化空地的绿化率达到80％以上，且剩余空地采取了防止扬尘措施时，得1分；

2）厂区未硬化空地的绿化率达到50％以上，且剩余空地采取了防止扬尘措施时，得0.5分；

3）其他情况，不得分。

（2）绿化面积

1）厂区整体绿化率达10％以上，得1分；

2）厂区整体绿化率达5％以上，得0.5分；

3）其他情况，不得分。

（3）厂区内环境卫生

全面检查和评价生产区、生活区和办公区的整体卫生情况：卫生评价为优良，得1分；卫生评价为中或合格，得0.5分；卫生评价为不合格，不得分。

【背景知识】

绿色生产的核心目标之一是淘汰落后产能，促进产业升级，实现混凝土企业与周边生态环境的和谐共存。做好厂区内的绿化和卫生工作对于绿色生产具有积极促进作用。厂区内绿化面积越大，空地绿化率越高，绿化布置越合理，对绿色生产促进作用越强。例如利用高大乔木类植物组成立体绿色带来降低噪声和减少粉尘排放的作用也越明显。此外，持续保持卫生清洁对于减少道路扬尘、构建良好工作环境和保护生态环境均具有现实意义。

搅拌站进行厂区绿化时，应参照国家现行标准《工业企业总平面设计规范》GB 50187—2012、《城市居住区规划设计规范（2002年版）》GB 50180—93和《公园设计规范》CJJ 48—92的相关规定。绿化布置应根据环境保护及厂容、景观的要求，结合当地自然条件、植物生态习性、抗污性能和苗木来源，因地制宜进行布置。绿化布置应符合下列要求：应充分利用厂区内非建筑地段及零星空地进行绿化；应满足生产、运输、安全、卫生、防火、采光、通风的要求；应避免与建筑物、构筑物及地下设施的布置相互影响；应根据企业生产特点、污染性质和程度，结合当地的自然条件和周围的环境条件，以及所要达到的绿化效果，合理地确定各类植物的比例及配置方式。厂区内重点绿化区域应包括：进厂主干道两侧及主要出入口；办公区；散发粉尘及产生噪声的生产车间、装置及堆场；受雨水冲刷的地段；生活服务设施周围；厂区内临城镇主要道路的厂界内地带等。

3.2.4 生产区内应设置生产废弃物存放处。生产废弃物应分类存放、集中处理。

【条文说明】

3.2.4 生产废弃物包括混凝土生产过程中直接或间接产生的各种废弃物，对其分类存放、集中处理有利于提高其消纳利用率。

【评价要点】

1. 评价指标类型

"生产废弃物存放处的设置"是绿色生产评价通用要求的一般项。

2. 评价要素

（1）生产区内设置生产废弃物存放处，得0.5分；

（2）生产废弃物分类存放、集中处理，得0.5分。

3. 核查要点

评价实施机构应根据申报单位的厂区规划图或平面布局图并结合现场实际核查来评价厂区内生产废弃物存放处的设置，以及生产废弃物分类存放、集中处理情况。通过查阅生产废弃物集中处理记录资料核查实际执行情况。具体评价如下：

（1）生产区内设置生产废弃物存放处

1）生产区内设置了生产废弃物存放处，且其数量和容量满足生产、环境卫生要求，得0.5分；

2）其他情况，不得分。

（2）生产废弃物分类存放、集中处理

1）生产废弃物严格按类别进行存放，定期进行集中处理并留存处理记录资料，得0.5分；

2）其他情况，不得分。

【背景知识】

生产区内设置生产废弃物存放处时，必须满足安全生产和环境卫生要求。应根据混凝土生产规模、厂区布置和生产废弃物排放量等因素来确定废弃物存放处的数量和容量，并合理布局。设置生产废弃物存放处的根本目标是分类存放，实现集中处理，提高生产效率，节约资源，保持环境卫生。生产废弃物集中处理结果应通过处理过程的记录资料来体现。

3.2.5 厂区内应配备生产废水处置系统。宜建立雨水收集系统并有效利用。

【条文说明】

3.2.5 配备生产废水处置系统是实现生产废水有效利用的基本条件。实现雨污分流并建立雨水收集系统可以达到利用雨水以达到节水目的。从实际应用情况来看，当厂区设计排水沟系统时，生产废水处置系统和雨水收集系统可以合并使用，即雨水通过排水沟收集并进入生产废水处置系统，从而实现有效利用。

【评价要点】

1. 评价指标类型

（1）生产废水、废浆处置系统

绿色生产评价通用要求的控制项。

（2）雨水收集系统

1）绿色生产评价通用要求的一般项；

2）二星级和三星级绿色生产评价专项要求的控制项。

2. 评价要素

（1）生产废水、废浆处置系统

生产废水、废浆处置系统包括排水沟系统、多级沉淀池系统和管道系统且正常运转，得4分；排水沟系统覆盖连通装车层、骨料堆场和废弃新拌混凝土处置设备设施，并与多级沉淀池连接，得1分。当生产废水和废浆用作混凝土拌合用水时，管道系统连通多级沉淀池和搅拌主机，得1分，沉淀池设有均化装置，得1分；当经沉淀或压滤处理的生产废水用于硬化地面降尘、生产设备和运输车辆冲洗时，得2分。

（2）设有雨水收集系统并有效利用，得2分。

3. 核查要点

评价实施机构应根据申报单位的厂区规划图或平面布局图并结合现场实际核查来评价

生产废水、废浆处置系统和雨水收集处理系统。生产废水、废浆和雨水实际利用情况应通过检查其使用记录、申报单位制定的技术措施和相关制度来评价。具体评价如下：

（1）生产废水、废浆处置系统

1）生产废水、废浆处置系统设置

① 生产废水、废浆处置系统包括排水沟系统、多级沉淀池系统和管道系统且正常运转，得4分；

② 排水沟系统覆盖连通装车层、骨料堆场和废弃新拌混凝土处置设备设施，并与多级沉淀池连接，得1分；

③ 当评价结果为不通过时，不得分，且绿色生产评价结果为不通过，评审专家应提出整改建议或措施。

2）生产废水、废浆利用要求

① 当生产废水和废浆用作混凝土拌合用水时，管道系统连通多级沉淀池和搅拌主机，得1分，沉淀池设有均化装置，得1分；

② 当经沉淀或压滤处理的生产废水用于硬化地面降尘、生产设备和运输车辆冲洗时，得2分；

③ 当评价结果为不通过时，不得分，且绿色生产评价结果为不通过，评审专家应提出整改建议或措施。

3）雨水收集系统

① 一星级评价申报单位

a. 设有雨水收集系统并有效利用，得2分；

b. 设有雨水收集系统不完善或雨水收集后不能有效利用，得1分；

c. 没有雨水收集系统，不得分。

② 二星级、三星级评价申报单位

a. 设有雨水收集系统并有效利用，得2分；

b. 在其他条件下，不得分，且绿色生产评价结果为不通过，评审专家应提出整改建议或措施。

【背景知识】

预拌混凝土生产企业实现生产废水和废浆循环利用的基础条件是建立完整的生产废水处置系统。生产废水处置系统的建立必须基于厂区规划和实际生产过程控制，覆盖所有生产废水（废浆）排放环节，并为生产废水和废浆的循环利用创造基本条件。生产废水用于预拌混凝土生产或设备冲洗均可，循环利用次数越高，越有利于节约水资源。对于绿色生产水平较高的企业，可以因地制宜地建立雨水收集系统。利用雨水进行混凝土生产或设备冲洗。

3.2.6 厂区门前道路和环境应符合环境卫生、绿化和社会秩序的要求。

【条文说明】

3.2.6 本条规定"厂区门前道路和环境"是指预拌混凝土生产时在门前责任区内应承担的市容环境责任，即"一包"清扫保洁；"二包"秩序良好；"三包"设施、设备和绿地整洁等。

【评价要点】

1. 评价指标类型

"整体清洁卫生"之"厂区门前道路和环境"是绿色生产评价通用要求的一般项。

2. 评价要素

厂区门前道路、环境按门前三包要求进行管理，并符合要求，得1分；

3. 核查要点

评价实施机构应根据申报单位的申报材料并结合现场实际核查来评价厂区门前道路、环境按门前三包要求及管理情况。通过检查卫生管理制度核查实际执行情况。具体评价如下：

（1）厂区门前道路、环境按门前三包要求进行管理，并符合要求，得1分；

（2）厂区门前道路、环境按门前三包要求进行管理，并基本符合要求，得0.5分；

（3）其他情况，不得分。

第4章 设备设施

4.0.1 预拌混凝土绿色生产宜选用技术先进、低噪声、低能耗、低排放的搅拌、运输和试验设备。设备应符合国家现行标准《混凝土搅拌站（楼）》GB/T 10171、《混凝土搅拌机》GB/T 9142 和《混凝土搅拌运输车》JG/T 5094 等的相应规定。

【条文说明】

4.0.1 国家现行标准《混凝土搅拌站（楼）》GB/T 10171—2005、《混凝土搅拌机》GB/T 9142—2000 和《混凝土搅拌运输车》JG/T 5094—1997 详细规定了混凝土搅拌机、运输车和搅拌站（楼）配套主机、供料系统、储料仓、配料装置、混凝土贮斗、电气系统、气路系统、液压系统、润滑系统、安全环保等技术要求。噪声和粉尘排放，以及碳排放与设备密切相关，因此绿色生产应优先采购技术先进、节能、绿色环保的各种设备。

【评价要点】

1. 评价指标类型

申报单位向评价实施机构提交绿色生产评价材料时，申报单位概述应包括的设备设施内容。

2. 评价要素

设备符合国家现行标准《混凝土搅拌站（楼）》GB/T 10171—2005、《混凝土搅拌机》GB/T 9142—2000 和《混凝土搅拌运输车》JG/T 5094—1997 等规定，不得分；

选用技术先进、低噪声、低能耗、低排放的搅拌、运输和试验设备，不得分。

3. 核查要点

评价实施机构应通过审核设备设施台账、噪声和粉尘监测报告等材料，来判定申报单位的绿色生产设备设施配置情况，以及绿色生产及管理技术水平。技术先进主要体现为生产方式和生产效率，低噪声则体现为噪声监测结果更低，低能耗则体现为与传统或改造之前的能耗有所降低，低排放则指生产性粉尘或汽车尾气等大气污染物排放量降低。本评价内容为原则性引导，设备设施的实际使用效果通过控制要求和监测指标可以量化。因此评价结果不计入评价总分。

4.0.2 搅拌站（楼）宜采用整体封闭方式。

【条文说明】

4.0.2 生产性粉尘和噪声排放达到标准要求是搅拌站（楼）绿色生产主要控制目标，搅拌站（楼）可以采用开放式或整体封闭式生产方式，开放式生产必须采用加装吸尘装置、降低生产噪声等各种综合技术措施，要求均高。当开放式生产不能满足标准要求时，则应采用整体封闭式。

【评价要点】

1. 评价指标类型

（1）绿色生产评价通用要求的一般项；

（2）二星级和三星级绿色生产评价专项要求的控制项。

2. 评价要素

（1）搅拌站（楼）四周封闭

1）当搅拌站（楼）四周封闭时，得4分，噪声和生产性粉尘排放满足本规程5.4节和5.5节要求，得1分；

2）当搅拌站（楼）四周及顶部同时封闭时，得5分。

（2）搅拌站不封闭

当搅拌站不封闭并满足本规程第5.4节和第5.5节要求时，得5分。

3. 核查要点

搅拌站（楼）可以灵活采用整体封闭式或开放式生产方式，但是必须控制好粉尘和噪声的排放。评价实施机构应根据申报单位的申报材料并结合现场实际核查来评价所采用生产方式所达到的实际效果，重点核查、评价粉尘和噪声实际控制水平是否满足本规程第5.4节和第5.5节要求。具体评价如下：

（1）一星级评价申报单位

1）当搅拌站（楼）四周及顶部同时封闭时，得5分；

2）当搅拌站（楼）四周封闭时，得4分，噪声和生产性粉尘排放满足本规程5.4节和5.5节要求，得1分；

3）当搅拌站（楼）四周封闭时，得4分，噪声和生产性粉尘排放不满足本规程5.4节和5.5节要求，得0.5分；

4）当搅拌站不封闭并满足本规程第5.4节和第5.5节要求时，得5分；

5）当搅拌站不封闭并不满足本规程第5.4节和第5.5节要求时，不得分。

（2）二星级和三星级评价申报单位

1）当搅拌站（楼）四周及顶部同时封闭时，得5分；

2）当搅拌站（楼）四周封闭时，得4分，噪声和生产性粉尘排放满足本规程5.4节和5.5节要求，得1分；

3）当搅拌站不封闭并满足本规程第5.4节和第5.5节要求时，得5分；

4）在其他条件下，不得分，且绿色生产评价结果为不通过，评审专家应提出整改建议或措施。

【背景知识】

搅拌站（楼）采用整体封闭式或开放式生产方式仅是一种过程手段，绿色生产的核心是控制噪声和生产性粉尘的排放，并满足标准要求，减少环境保护压力，避免搅拌站（楼）生产对邻近居民区、工业区或生态保护区的干扰。因此，本规程允许申报单位因地制宜地选择经济、适用并具有较好效果的生产方式，避免简单规定搅拌站（楼）必须采用封闭生产方式，而导致设备设施的过度投入。从本指南第5篇绿色生产范例来看，通过加装吸尘装置而减少粉尘排放，通过设备改造而降低生产噪声，即使采用开放式生产方式，绿色生产和管理也可以达到较好水平。

4.0.3 搅拌站（楼）应安装除尘装置，并应保持正常使用。

【条文说明】

4.0.3 对粉料筒仓顶部、粉料贮料斗、搅拌机进料口安装除尘装置可以避免粉尘的外泄，滤芯等易损装置应定期保养或更换。胶凝材料粉尘收集后可作为矿物掺合料使用，通过管道和计量装置进入搅拌主机。当矿粉与粉煤灰共用收尘器时，收集的粉尘可作为粉煤灰计量并循环使用。

【评价要点】

1. 评价指标类型

(1) 绿色生产评价通用要求的一般项；

(2) 二星级和三星级绿色生产评价专项要求的控制项。

2. 评价要素

粉料筒仓顶部、粉料贮料斗、搅拌机进料口或骨料贮料斗的进料口均安装除尘装置，除尘装置状态和功能完好，运转正常，得7分。

3. 核查要点

评价实施机构应根据申报单位的申报材料并结合现场实际核查来评价除尘装置，重点粉料筒仓顶部、粉料贮料斗、搅拌机进料口或骨料贮料斗的进料口。具体评价如下：

(1) 一星级评价申报单位

1) 粉料筒仓

① 粉料筒仓顶部安装除尘装置，除尘装置状态和功能完好，运转正常，得2分；

② 粉料筒仓顶部安装除尘装置，除尘装置状态和功能较好，得1分；

③ 粉料筒仓顶部没有安装除尘装置，不得分；

④ 针对粉料筒仓除尘，也可在其他部位安装除尘装置，评价方法同上。

2) 粉料贮料（称量）斗

① 粉料贮料（称量）斗安装除尘装置，除尘装置状态和功能完好，运转正常，得2分；

② 粉料贮料（称量）斗安装除尘装置，除尘装置状态和功能较好，得1分；

③ 粉料贮料（称量）斗没有安装除尘装置。

3) 搅拌机进料口

① 搅拌机进料口安装除尘装置，除尘装置状态和功能完好，运转正常，得2分；

② 搅拌机进料口安装除尘装置，除尘装置状态和功能较好，得1分；

③ 搅拌机进料口没有安装除尘装置，不得分。

4) 骨料贮料斗（中途仓）的进料口

① 骨料贮料斗（中途仓）的进料口安装除尘装置，除尘装置状态和功能完好，运转正常，得1分；

② 骨料贮料斗（中途仓）的进料口安装除尘装置，除尘装置状态和功能较好，得0.5分；

③ 骨料贮料斗（中途仓）的进料口没有安装除尘装置，不得分。

5) 集成式除尘装置

采用集成或半集成式除尘装置，并能够覆盖粉料筒仓、粉料贮料斗、搅拌机进料口或骨料贮料斗的进料口等区域，其生产性粉尘排放满足本规程要求时，得7分。

(2) 二星级和三星级评价申报单位

1) 粉料筒仓、粉料贮料（称量）斗、搅拌机进料口、骨料贮料斗（中途仓）的进料口安装除尘装置，除尘装置状态和功能完好，运转正常，得7分；

2) 采用集成或半集成式除尘装置，并能够覆盖粉料筒仓、粉料贮料斗、搅拌机进料口或骨料贮料斗的进料口等区域，其生产性粉尘排放满足本规程要求时，得7分；

3) 在其他条件下，不得分，且绿色生产评价结果为不通过，评审专家应提出整改建议或措施。

【背景知识】

如前所述，严格控制搅拌站（楼）生产过程的粉尘排放是绿色生产的核心内容之一。在混凝土原材料的上料、称量和输送过程中均会产生扬尘。粉料筒仓顶部易产生粉尘外泄；粉料贮料斗、搅拌机进料口或骨料贮料斗的进料口，均会因粉料或骨料下落存在落差而产生粉尘。因此，在粉料筒仓顶部、粉料贮料斗、搅拌机进料口或骨料贮料斗的进料口均安装除尘装置，并保证除尘装置状态和功能完好，且运转正常，则可有效降低粉尘排放量，实现重点环节的有效控制。

4.0.4 搅拌站（楼）的搅拌层和称量层宜设置水冲洗装置，冲洗产生的废水宜通过专用管道进入生产废水处置系统。

【条文说明】

4.0.4 一般来说，搅拌楼（站）的搅拌层和称量层是生产性粉尘较多区域，因此对于开放或封闭搅拌站（楼）来说，均应配置水冲洗设施，及时清除粉尘并保持搅拌层和称量层卫生。当搅拌层和称量层地面存有油污时，应先清除油污，避免油污进入冲洗废水中。冲洗废水应进入生产废水处置系统实现循环利用。

【评价要点】

1. 评价指标类型

(1) 绿色生产评价通用要求的一般项；

(2) 二星级和三星级绿色生产评价专项要求的控制项。

2. 评价要素

搅拌站（楼）的搅拌层和称量层设置水冲洗装置，冲洗废水通过专用管道进入生产废水处置系统，得2分。

3. 核查要点

评价实施机构应根据申报单位的申报材料并结合现场实际核查来评价搅拌站（楼）的搅拌层和称量层的水冲洗装置，并对搅拌层和计量层分别核查和评价。具体评价如下：

(1) 一星级评价申报单位

1) 搅拌层设置水冲洗装置

① 搅拌层设置水冲洗装置，冲洗废水通过专用管道进入生产废水处置系统，得1分；

② 搅拌层设置水冲洗装置，冲洗废水没有通过专用管道进入生产废水处置系统，得0.5分；

③ 搅拌层不设置水冲洗装置，不得分。

2) 称量层设置水冲洗装置

① 称量层设置水冲洗装置，冲洗废水通过专用管道进入生产废水处置系统，得1分；

② 称量层设置水冲洗装置，冲洗废水没有通过专用管道进入生产废水处置系统，得0.5分；

③ 称量层不设置水冲洗装置，不得分。

（2）二星级、三星级评价申报单位

1）搅拌站（楼）的搅拌层和称量层设置水冲洗装置，冲洗废水通过专用管道进入生产废水处置系统，得2分；

2）在其他条件下，不得分，且绿色生产评价结果为不通过，评审专家应提出整改建议或措施。

【背景知识】

不论采用开放式或封闭式生产，搅拌楼（站）的搅拌层和称量层均可能是生产性粉尘排放较多区域。对于绝大多数搅拌站而言，搅拌层和称量层的相对高度较高，粉尘随风而起的可能性更大，潜在影响范围更大。因此搅拌层和称量层均应配置水冲洗设施，及时清除粉尘并保持卫生。在实际冲洗时，务必注意设备维修或保养可能对搅拌层和称量层地面产生油污，此时应先清除油污，避免油污进入冲洗废水中。

将冲洗废水纳入进入生产废水处置系统并实现循环利用是节约用水的重要措施。此外，对于保持良好的环境卫生和降低用水成本同样具有积极意义。

4.0.5 搅拌主机卸料口应设置防喷溅设施。装料区域的地面和墙壁应保持清洁卫生。

【条文说明】

4.0.5 可通过加长搅拌机下料软管等方式防止混凝土喷溅。对于喷溅混凝土应及时清除以保持卫生。保持装车层的地面和墙壁卫生是绿色生产的考核指标之一。

【评价要点】

1. 评价指标类型

（1）绿色生产评价通用要求的一般项；

（2）二星级和三星级绿色生产评价专项要求的控制项。

2. 评价要素

搅拌主机卸料口设下料软管等防喷溅设施，得2分。

3. 核查要点

评价实施机构应根据申报单位的申报材料并结合现场实际核查来评价防喷溅设施，具体评价如下：

（1）一星级评价申报单位

1）搅拌主机卸料口设置防喷溅设施，且装料区域的地面和墙壁保持清洁卫生，得2分；

2）搅拌主机卸料口设置防喷溅设施，但装料区域的地面和墙壁卫生差，得1分；

3）搅拌主机卸料口没有设置防喷溅设施，不得分。

（2）二星级、三星级评价申报单位

1）搅拌主机卸料口设置防喷溅设施，且装料区域的地面和墙壁保持清洁卫生，得2分；

2）在其他条件下，不得分，且绿色生产评价结果为不通过，评审专家应提出整改建议或措施。

在规程编制过程中，通过实际调研发现，搅拌主机卸料口及装料区域卫生是极易产生脏、乱、差的区域。主要原因是混凝土拌合物自由下落产生喷溅。因此，绿色生产搅拌站通过设置下料软管等防喷溅设施来引导混凝土准确浇灌到搅拌运输车中，减少喷溅并节约了混凝土原材料及清洗用水，并有利于装料区域的地面和墙壁保持清洁卫生。

4.0.6 粉料仓应标识清晰并配备料位控制系统，料位控制系统应定期检查维护。

【条文说明】

4.0.6 粉料仓是指存储水泥和矿物掺合料的各种筒仓，标识清楚方可避免材料误用。配备料位控制系统并进行定期维护有利于原材料管理。

【评价要点】

1. 评价指标类型

（1）绿色生产评价通用要求的一般项；

（2）二星级和三星级绿色生产评价专项要求的控制项。

2. 评价要素

水泥、粉煤灰矿粉等粉料仓标识清晰，得1分；粉料仓均配备料位控制系统，得2分。

3. 核查要点

评价实施机构应根据申报单位的申报材料并结合现场实际核查来评价粉料仓标识和料位控制系统，具体评价如下：

（1）一星级评价申报单位

1）粉料仓标识

① 水泥、粉煤灰和矿粉等全部粉料仓标识清晰，得1分；

② 水泥、粉煤灰矿粉等部分粉料仓标识清晰，得0.5分；

③ 粉料仓没有标识，不得分。

2）料位控制系统

① 粉料仓均配备料位控制系统，得2分；

② 部分粉料仓配备料位控制系统，得1分；

③ 粉料仓均没有配备料位控制系统，不得分。

（2）二星级、三星级评价申报单位

1）水泥、粉煤灰矿粉等粉料仓标识清晰，得1分；粉料仓均配备料位控制系统，得2分。

2）在其他条件下，不得分，且绿色生产评价结果为不通过，评审专家应提出整改建议或措施。

4.0.7 骨料堆场应符合下列规定：

1. 地面应硬化并确保排水通畅；

2. 粗、细骨料应分隔堆放；

3. 骨料堆场宜建成封闭式堆场，宜安装喷淋抑尘装置。

【条文说明】

4.0.7 建成封闭式骨料堆场的目的是控制骨料含水率稳定性，并减少生产性粉尘排放，对于绿色生产和控制混凝土质量均有重要意义。因此，当不封闭骨料堆场也能达到上述目的时，预拌混凝土绿色生产可采用其他灵活方式。

【评价要点】

1. 评价指标类型

（1）"骨料堆场或高塔式骨料仓"是绿色生产评价通用要求的一般项；

（2）"骨料堆场或高塔式骨料仓"是二星级和三星级绿色生产评价专项要求的控制项。

2. 评价要素

当采用高塔式骨料仓时，得5分。当采用骨料堆场时：地面硬化率100%，并排水通畅，得1分；采用有顶盖无围墙的简易封闭骨料堆场，得2分，噪声和生产性粉尘排放满足本规程6.4节和6.5节要求，得2分；采用有三面以上围墙的封闭式堆场，得3分，噪声和生产性粉尘排放满足本规程6.4节和6.5节要求，得1分；采用有三面以上围墙且安装喷淋抑尘装置的封闭式堆场，得4分。

3. 核查要点

评价实施机构应根据申报单位的申报材料并结合现场实际核查来评价骨料堆场或高塔式骨料仓使用效果，并应结合搅拌站（楼）混凝土生产所使用砂石的含水状态，以及当地年降雨量和绿化率等自然环境情况。具体评价如下：

（1）一星级评价申报单位

1）高塔式骨料仓

当采用高塔式骨料仓时，得5分。

2）采用骨料堆场

① 地面硬化率

a. 地面硬化率100%，并排水通畅，得1分；

b. 地面硬化率100%，但小范围存在积水现象，得0.5分；

c. 在其他条件下，不得分。

② 简易封闭骨料堆场

a. 采用有顶盖无围墙的简易封闭骨料堆场，得2分，噪声和生产性粉尘排放满足本规程6.4节和6.5节要求，得2分；

b. 采用有顶盖无围墙的简易封闭骨料堆场，得2分，噪声和生产性粉尘排放不满足本规程6.4节和6.5节要求，得1分；

c. 在其他条件下，不得分。

③ 三面以上围墙的封闭式堆场

a. 采用有三面以上围墙的封闭式堆场，得3分，噪声和生产性粉尘排放满足本规程6.4节和6.5节要求，得1分；

b. 采用有三面以上围墙的封闭式堆场，得3分，噪声和生产性粉尘排放不满足本规程6.4节和6.5节要求，得0.5分。

④ 三面以上围墙且安装喷淋抑尘装置的封闭式堆场

a. 采用有三面以上围墙且安装喷淋抑尘装置的封闭式堆场，喷淋抑尘装置工作正常，得4分；

b. 采用有三面以上围墙且安装喷淋抑尘装置的封闭式堆场，喷淋抑尘装置工作不正常，得3.5分。

（2）二星级、三星级评价申报单位

1）当采用高塔式骨料仓时，得 5 分；

2）当采用骨料堆场时：地面硬化率 100%，并排水通畅，得 1 分；采用有顶盖无围墙的简易封闭骨料堆场，得 2 分，噪声和生产性粉尘排放满足本规程 6.4 节和 6.5 节要求，得 2 分；采用有三面以上围墙的封闭式堆场，得 3 分，噪声和生产性粉尘排放满足本规程 6.4 节和 6.5 节要求，得 1 分；采用有三面以上围墙且安装喷淋抑尘装置的封闭式堆场，得 4 分；

3）在其他条件下，不得分，且绿色生产评价结果为不通过，评审专家应提出整改建议或措施。

【背景知识】

国内搅拌站（楼）的砂石骨料堆场形式呈现多元化特点。实际调研发现东部经济发达地区多采用封闭式骨料堆场，而中西部仍然采用开放式堆场。堆场选用形式受搅拌站所处行政区域产业政策、地理位置、气候条件、厂区及周边环境绿化以及搅拌站经济实力等因素影响。

从实际使用效果来看，建成封闭式骨料堆场更有利于控制骨料含水率的稳定性，并减少生产性粉尘向外排放，对于绿色生产和控制混凝土质量均具有重要意义。当生产用骨料含有较多干燥石粉时，封闭式堆场也极易造成内部的空气污染，对部分工作人员身体健康造成威胁。此时，可以安装喷淋装置或提高骨料含水率来降低生产过程扬尘。应当指出的是，当不封闭骨料堆场也能达到控制粉尘和噪声的目的时，预拌混凝土绿色生产可采用其他灵活方式。

4.0.8 配料地仓宜与骨料仓一起封闭，配料用皮带输送机宜侧面封闭且上部加盖。

【条文说明】

4.0.8 本条规定的技术措施主要是避免配料地仓和配料用皮带输送机造成的生产性粉尘外排。

【评价要点】

1. 评价指标类型

（1）绿色生产评价通用要求的一般项；

（2）二星级和三星级绿色生产评价专项要求的控制项。

2. 评价要素

（1）配料地仓与骨料仓一起封闭，得 2 分；当采用高塔式骨料仓时，配料地仓单独封闭得 2 分；

（2）骨料用皮带输送机侧面封闭且上部加盖，得 4 分。

3. 核查要点

评价实施机构应根据申报单位的申报材料并结合现场实际核查来评价配料地仓和配料用皮带输送机的使用效果，具体评价如下：

（1）一星级评价申报单位

1）配料地仓

① 配料地仓与骨料仓一起封闭

a. 配料地仓与骨料仓一起封闭，且粉尘排放满足本规程 5.5 节规定，得 2 分；

b. 配料地仓与骨料仓一起封闭，但粉尘排放不满足本规程 5.5 节规定，得 1 分；

c. 配料地仓与骨料仓没有一起封闭，不得分。

② 配料地仓单独封闭

当采用高塔式骨料仓时，配料地仓单独封闭得 2 分。

2）配料用皮带输送机

① 骨料用皮带输送机侧面封闭且上部加盖，整体封闭好，得 4 分；

② 骨料用皮带输送机侧面封闭且上部加盖，整体封闭较好，得 3 分；

③ 骨料用皮带输送机侧面不封闭但上部加盖，得 2 分；

④ 在其他条件下，不得分。

3）骨料配料输送其他方式

当骨料配料输送采用其他方式时，其评价方法参照皮带输送机。

（2）二星级、三星级评价申报单位

1）配料地仓与骨料仓一起封闭，得 2 分；当采用高塔式骨料仓时，配料地仓单独封闭得 2 分；

2）骨料配料用皮带输送机侧面封闭且上部加盖，整体封闭好，得 4 分；

3）当骨料配料输送采用其他方式时，其评价方法参照皮带输送机，整体封闭好，得 4 分；

4）在其他条件下，不得分，且绿色生产评价结果为不通过，评审专家应提出整改建议或措施。

【背景知识】

当骨料从骨料仓被运输到配料仓时，一般会因倾倒落差而产生粉尘排放，配料仓与骨料仓整体封闭则可以避免粉尘排放直接对外部环境产生负面影响。骨料通过配料用皮带输送机进行传输时，也会因干燥骨料或大风等原因，产生扬尘。因此，采用侧面封闭且上部加盖方式可以有效降低粉尘排放量。从混凝土质量控制角度来讲，骨料用皮带输送机侧面封闭且上部加盖有利于保质骨料含水率的稳定性，从而有利于保持混凝土质量的稳定性。

4.0.9 粗、细骨料装卸作业宜采用布料机。

【条文说明】

4.0.9 采用布料机进行砂石装卸作业更有利于噪声控制，但是初次投入成本较高，后期用电成本较低。

【评价要点】

1. 评价指标类型

申报单位向评价实施机构提交绿色生产评价材料时，申报单位概述可包括的内容。

2. 评价要素

粗、细骨料装卸作业采用布料机，不得分。

3. 核查要点

评价实施机构应根据申报单位的申报材料并结合现场实际核查来评价粗、细骨料装卸作业采用布料机的使用效果。当搅拌站（楼）主要采用布料机装卸粗细骨料时，布料机功能应完好，并满足实际生产需要。

【背景知识】

粗、细骨料装卸作业受多种因素影响。采用布料机、装载机或其他装卸方式均可。目前有些搅拌站（楼）开始使用布料机作业并取得较好的节能、降噪效果。因此，本规程鼓励有条件的搅拌站（楼）采用新型装卸方式从而提高绿色生产水平，但是也容许装卸方式的多元化发展和并存，因此评价结果不计入评价总分。

4.0.10 处理废弃新拌混凝土的设备设施宜符合下列规定：

1. 当废弃新拌混凝土用于成型小型预制构件时，应具有小型预制构件成型设备；

2. 当采用砂石分离机处置废弃新拌混凝土时，砂石分离机应状态良好且运行正常；

3. 可配备压滤机等处理设备；

4. 废弃新拌混凝土处理过程中产生的废水和废浆应通过专用管道进入生产废水和废浆处置系统。

【条文说明】

4.0.10 利用废弃新拌混凝土成型小型构件可取得了较好的经济效益。利用砂石分离机可及时实现新拌混凝土的砂石分离，并循环利用。利用压滤机处置废浆也是常见技术手段。也可利用其他有效技术措施，实现废弃混凝土的循环利用。

【评价要点】

1. 评价指标类型

（1）绿色生产评价通用要求的一般项；

（2）二星级和三星级绿色生产评价专项要求的控制项。

2. 评价要素

（1）采用砂石分离机时，砂石分离机的状态和功能良好，运行正常，得4分；

（2）利用废弃新拌混凝土成型小型预制构件时，小型预制构件成型设备的状态和功能良好，运行正常，得4分；

（3）采用其他先进设备设施处理废弃新拌混凝土并实现砂、石和水的循环利用时，得4分。

3. 核查要点

针对废弃新拌混凝土处置设备设施，评价实施机构应根据申报单位的申报材料并结合现场评审进行核查，具体评价如下：

（1）一星级评价申报单位

1）砂石分离机

① 砂石分离机的状态和功能良好，运行正常，得4分；

② 砂石分离机的状态和功能良好，分离后砂石混杂且卫生管理较差，得2分；

③ 没有配备砂石分离机，不得分。

2）小型预制构件成型设备

① 利用废弃新拌混凝土成型小型预制构件时，小型预制构件成型设备的状态和功能良好，运行正常，得4分；

② 小型预制构件成型设备的状态和功能良好，运行时周边环境卫生差或预制构件产品质量差，得2分；

③ 没有配备小型预制构件成型设备，不得分。

3）其他先进设备设施

① 采用其他先进设备设施处理废弃新拌混凝土，并实现砂、石和水的循环利用时，

得 4 分；

②采用其他先进设备设施处理废弃新拌混凝土，但是砂、石和水的循环利用效果较差时，得 2 分；

③没有采用其他先进设备设施处理废弃新拌混凝土，不得分。

（2）二星级、三星级评价申报单位

1）采用砂石分离机时，砂石分离机的状态和功能良好，运行正常，得 4 分；

2）利用废弃新拌混凝土成型小型预制构件时，小型预制构件成型设备的状态和功能良好，运行正常，得 4 分；

3）采用其他先进设备设施处理废弃新拌混凝土，并实现砂、石和水的循环利用时，得 4 分；

4）在其他条件下，不得分，且绿色生产评价结果为不通过，评审专家应提出整改建议或措施。

【背景知识】

砂石分离机是国内搅拌站（楼）处理废弃新拌混凝土的主要方式。其各类包括螺旋式分离机、滚筒式砂石分离机以及滚筒筛＋螺旋式砂石分离机等。滚筒式砂石分离机既能分离出废水废浆，又能分离出砂石，若增设细料分离装置，还能将浆液中的细颗粒分离出来，不但解决环境污染问题，还能将砂石料返回生产系统重复使用。

我国预拌混凝土生产企业最早利用废弃新拌混凝土成型小型构件，并取得了较好的经济效益，该种利用方式更有利于节材和节能。利用压滤机处置废浆也是常见技术手段。此外，也可利用其他有效废弃新拌混凝土处置设备设施和技术措施，实现废弃混凝土的循环利用。

4.0.11 预拌混凝土绿色生产应配备运输车清洗装置，冲洗产生的废水应通过专用管道进入生产废水处置系统。

【条文说明】

4.0.11 绿色生产时应设计运输车清洗装置，并可以实现运输车辆的自动清洗，以达到车辆外观清洁卫生的目标，确保运输车出入厂区时外观清洁。冲洗用水可采用自来水或沉淀后的生产废水。当搅拌车表面存有油污时，应先清除油污，避免油污、草酸和洗涤剂等进入冲洗废水中，冲洗废水应进入生产废水处置系统实现循环利用。

【评价要点】

1. 评价指标类型

（1）绿色生产评价通用要求的一般项；

（2）二星级和三星级绿色生产评价专项要求的控制项。

2. 评价要素

预拌混凝土绿色生产配备运输车清洗装置，得 2 分。

3. 核查要点

针对废弃新拌混凝土处置设备设施，评价实施机构应根据申报单位的申报材料并结合现场评审进行核查，具体评价如下：

（1）一星级评价申报单位

1）预拌混凝土绿色生产配备运输车清洗装置，清洗装置设计合理，清洗后的搅拌运输车外观清洁卫生，冲洗产生的废水应通过专用管道进入生产废水处置系统实现循环利用，得 2 分；

2）预拌混凝土绿色生产配备运输车清洗装置，清洗装置设计合理，清洗后的搅拌运输车外观清洁卫生，冲洗产生的废水没有通过专用管道进入生产废水处置系统实现循环利用，得 1 分；

3）预拌混凝土绿色生产配备运输车清洗装置，清洗装置设计不太合理，清洗后的搅拌运输车外观无明显污渍，得 1 分；

4）预拌混凝土绿色生产没有配备运输车清洗装置，不得分。

（2）二星级、三星级评价申报单位

1）预拌混凝土绿色生产配备运输车清洗装置，得 2 分；

2）在其他条件下，不得分，且绿色生产评价结果为不通过，评审专家应提出整改建议或措施。

【背景知识】

搅拌站（楼）的出入口应设置运输车清洗装置，车辆清洗后产生的废水应循环利用。为实现上述目的，通常在出入口配置冲洗设备、沉淀池和必要的输水管道。及时清洗车辆是保证进出厂区运输车清洁卫生的基本条件。车辆清洗后产生的废水经过沉淀过滤可以重复冲洗车辆，以减少水资源的浪费，实现绿色、环保、节水的目的。

4.0.12 搅拌站（楼）宜在皮带传输机、搅拌主机和卸料口等部位安装实时监控系统。

【条文说明】

4.0.12 利用实时监控系统有利于专业技术人员和管理人员全面掌握生产原材料进场、混凝土生产、混凝土出厂以及过程质量控制等信息，并能及时做出相关处理。

【评价要点】

1．评价指标类型

申报单位向评价实施机构提交绿色生产评价材料时，申报单位质量管理所包括的内容。

2．评价要素

（1）搅拌站（楼）在皮带传输机部位安装实时监控系统，不得分；

（2）搅拌站（楼）在搅拌主机部位安装实时监控系统，不得分；

（3）搅拌站（楼）在卸料口部位安装实时监控系统，不得分。

3．核查要点

评价实施机构应通过审核混凝土质量控制或搅拌站（楼）质量管理的相关资料，来核实皮带传输机、搅拌主机和卸料口等部位是否安装实时监控系统。实时监控系统的清晰度、安装角度和稳定性均应满足生产过程质量控制要求。由于不同生产系统配置的实时监控系统并不相同，混凝土搅拌站（楼）的日常生产和管理水平也不相同，如何安装实时监控系统并利用它来控制质量受多种主观和客观因素影响，因此，评价结果不计入评价总分。

【背景知识】

在皮带传输机、搅拌主机和卸料口等部位安装实时监控系统是提高混凝土拌合物性能稳定性和保证混凝土质量的重要技术手段。常用解决方案包括：在上述关键部位安装摄像头和录像机等硬件设备，保证其工作角度和稳定运行；在电脑操作界面安装客户端软件，实现同步监控，以利于技术人员对混凝土拌合物状态进行目测。

第5章 控 制 要 求

5.1 原材料

5.1.1 原材料的运输、装卸和存放应采取降低噪声和粉尘的措施。

【条文说明】

5.1.1 容易扬尘或遗洒的原材料在运输过程中应采用封闭或遮盖措施。声环境要求较高时，砂石装卸作业宜采用低噪声装载机。

【评价要点】

1. 评价指标类型

申报单位向评价实施机构提交绿色生产评价材料时，申报单位概述应包括的绿色生产控制要求的内容之一。

2. 评价要素

原材料的运输、装卸和存放采取降低噪声的措施，不得分；原材料的运输、装卸和存放采取降低粉尘的措施，不得分。

3. 核查要点

本评价内容为原则性引导。原材料的运输、装卸和存放采取降低噪声和粉尘的技术措施，其实际使用效果通过噪声和生产性粉尘控制要求和监测指标来量化。噪声和粉尘评价应符合本规程5.4节和5.5节的规定。因此评价结果不计入评价总分。

5.1.2 预拌混凝土生产用大宗粉料不宜使用袋装方式。

【条文说明】

5.1.2 预拌混凝土生产用粉料宜采用散装水泥等材料。使用袋装粉料不仅提高了生产成本、降低了生产效率，同时不利于控制混凝土质量和生产性粉尘排放。

5.1.3 当掺加纤维等特殊原材料时，应安排专人负责技术操作和环境安全。

【条文说明】

5.1.3 对于掺加纤维等特殊材料时，通过专人负责计量方式可控制生产质量并提高管理水平。

5.2 生产废水和废浆

5.2.1 预拌混凝土绿色生产应配备完善的生产废水处置系统，可包括排水沟系统、多级沉淀池系统和管道系统。排水沟系统应覆盖连通搅拌站（楼）装车层、骨料堆场、砂石分离机和车辆清洗场等区域，并与多级沉淀池连接；管道系统可连通多级沉淀池和搅拌主机。

【条文说明】

5.2.1 本条规定的生产废水处置设备设施的一般性构成，其主要包括排水沟、各种管道和沉淀池，其中的排水沟系统不仅起到引导生产废水作用，还有助于保护良好的环境卫生。当生产废水和废浆用于制备混凝土时，还应包括均化装置和计量装置等。

【评价要点】

参照本规程第3.2.5条的评价要求进行。

5.2.2 当采用压滤机对废浆进行处理时，压滤后的废水应通过专用管道进入生产废水回收利用装置，压滤后的固体应做无害化处理。

【条文说明】

5.2.2 利用压滤机处置生产废浆，将产生的废水回收利用，将压滤后的固体进行无害化处理也是有效的处置办法。利用压滤后的固体做道路地基材料或回填材料也是循环利用的有效途径之一。

【评价要点】

1. 评价指标类型

"废浆处置和利用"是绿色生产评价通用要求的一般项。

2. 评价要素

(1) 利用压滤机处置废浆并做无害化处理，且有应用证明，得2分；

(2) 废浆直接用于预拌混凝土生产并符合本规程第5.2.4条的规定，得2分。

3. 核查要点

评价实施机构应从废浆处理或废浆利用两个方面来评价搅拌站（楼）的废浆控制技术水平，评价总分为2分。应根据申报单位的申报材料并结合现场评审进行核查，具体评价如下：

(1) 压滤机处置废浆

1) 利用压滤机处置废浆并做无害化处理，有压滤所产生废水的回收利用和压滤所产生固体的无害化处理的证明文件，得2分；

2) 利用压滤机处置废浆并做无害化处理，没有相关应用证明，得1分；

3) 没有利用压滤机处置废浆，不得分。

(2) 废浆直接用于预拌混凝土生产

1) 废浆直接用于预拌混凝土生产并符合本规程第5.2.4条的规定，得2分；

2) 废浆直接用于预拌混凝土生产，但不符合本规程第5.2.4条的规定，得1分；

3) 废浆没有直接用于预拌混凝土生产，不得分。

【背景知识】

目前，我国预拌混凝土生产企业众多，技术水平参差不齐，多数企业的环保意识薄弱。在混凝土生产过程中，产生了大量废浆。废浆填埋式处置不仅需要预拌混凝土企业支付大量的垃圾处理费，而且占用大量土地，造成资源浪费，影响生态环境。因此，将废浆进行无害化处理或循环利用，既可废物利用，又节约成本，可促进混凝土行业的可持续发展。

废浆的性能指标因混凝土配合比和生产企业的不同而存在差异。对废浆进行无害化处理或用于预拌混凝土生产均具有成熟的处理工艺和应用技术。废浆利用通常需要配备高速搅拌机、泥浆泵以及必要的污水管道等设备。当废浆用于预拌混凝土生产时，除应符合本规程第5.2.4条规定外，还应通过试验来确定废浆浓度和掺量，以保证混凝土质量。

5.2.3 经沉淀或压滤处理的生产废水用作混凝土拌合用水时，应符合下列规定：

1. 与取代的其他混凝土拌合用水按实际生产用比例混合后，水质应符合现行行业标准《混凝土用水标准》JGJ 63 的规定，掺量应通过混凝土试配确定。

2. 生产废水应经专用管道和计量装置输入搅拌主机。

【条文说明】

5.2.3 本条规定了沉淀或压滤处理后的生产废水用作混凝土拌合用水时的质量要求及使用方法。

【评价要点】

1. 评价指标类型

"生产废水利用"是绿色生产评价通用要求的一般项；

"生产废水控制"是二星级及以上绿色生产评价专项要求的控制项；

"生产废弃物"是三星级绿色生产评价专项要求的控制项。

2. 评价要素

(1) 沉淀或压滤处理的生产废水用作混凝土拌合用水并符合本规程第 5.2.3 条的规定，得 3 分；

(2) 沉淀或压滤处理的生产废水完全循环用于硬化地面降尘、生产设备和运输车辆冲洗时，得 3 分；

(3) 全年的生产废水消纳利用率或循环利用率达到 100%，并有相关证明材料，得 4 分；

(4) 全年的生产废弃物的消纳利用率或循环利用率达到 100%，达到零排放，得 6 分。

3. 核查要点

评价实施机构应根据申报单位的申报材料并结合现场评审进行核查，具体评价如下：

(1) 一星级评价申报单位

1) 生产废水用作混凝土拌合用水

① 沉淀或压滤处理的生产废水用作混凝土拌合用水并符合本规程第 5.2.3 条的规定，得 3 分；

② 沉淀或压滤处理的生产废水用作混凝土拌合用水，但不符合本规程第 5.2.3 条的规定，得 1 分；

③ 在其他条件下，不得分。

2) 地面降尘或冲洗车辆及设备

① 沉淀或压滤处理的生产废水完全循环用于硬化地面降尘、生产设备和运输车辆冲洗时，得 3 分；

② 沉淀或压滤处理的生产废水部分循环用于硬化地面降尘、生产设备和运输车辆冲洗时，得 1.5 分；

③ 在其他条件下，不得分。

（2）二星级评价申报单位

1）全年的生产废水消纳利用率或循环利用率达到 100%，并有相关证明材料，得 4 分；

2）其他情况下，不得分，且绿色生产评价结果为不通过，评审专家应提出整改建议或措施。

（3）三星级评价申报单位

1）全年的生产废弃物（含生产废水）的消纳利用率或循环利用率达到 100%，达到零排放，得 6 分；

2）其他情况下，不得分，且绿色生产评价结果为不通过，评审专家应提出整改建议或措施。

5.2.4 废浆用于预拌混凝土生产时，应符合下列规定：

1. 取废浆静置沉淀 24h 后的澄清水与取代的其他混凝土拌合用水按实际生产用比例混合后，水质应符合现行行业标准《混凝土用水标准》JGJ 63 的规定；

2. 在混凝土用水中可掺入适当比例的废浆，配合比设计时可将废浆中的水计入混凝土用水量，固体颗粒量计入胶凝材料用量，废浆用量应通过混凝土试配确定；

3. 掺用废浆前，应采用均化装置将废浆中固体颗粒分散均匀；

4. 每生产班检测废浆中固体颗粒含量不应少于 1 次；

5. 废浆应经专用管道和计量装置输入搅拌主机。

【条文说明】

5.2.4 本条规定了废浆直接使用时的应用要求，包括检测指标、检测频率、配合比设计及控制技术指标。废浆中含有胶凝材料和外加剂等组分，硬化及未硬化颗粒具有微填充作用，可以改善混凝土拌合物性能，因此可以计入胶凝材料总量之中。但是由于废浆中同样会存在一定量的泥，会对混凝土性能产生负面作用。所以废浆的实际用量必须经过试验来确定。

【评价要点】

参照本规程第 5.2.2 条的评价方法执行。

5.2.5 生产废水、废浆不宜用于制备预应力混凝土、装饰混凝土、高强混凝土和暴露于腐蚀环境的混凝土；不得用于制备使用碱活性或潜在碱活性骨料的混凝土。

【条文说明】

5.2.5 由于生产废水和废浆的碱含量较高，因此不得用于使用碱活性或潜在碱活性骨料的混凝土和高强混凝土。此外，使用生产废水和废浆对预应力混凝土、装饰混凝土和暴露于腐蚀环境的混凝土性能也有负面影响。

【评价要点】

不参与评价。

5.2.6 经沉淀或压滤处理的生产废水也可用于硬化地面降尘和生产设备冲洗。

【条文说明】

5.2.6 生产废水处置系统产生的生产废水，可完全用于循环冲洗或除尘，从而大幅提高节水效果，此时，生产废水不宜用作混凝土拌合用水，也不需要监测其水质变化。经沉淀或压滤处理的生产废水可直接用于硬化地面喷淋降尘，冲洗搅拌主机、装车层地面和冲洗装置。
【评价要点】

参照本规程第 5.2.3 条的评价方法执行。

5.3　废弃混凝土

5.3.1　废弃新拌混凝土可用于成型小型预制构件，也可采用砂石分离机进行处置。分离后的砂石应及时清理、分类使用。

【条文说明】

5.3.1　利用废弃新拌混凝土成型小型预制构件是普遍采取的处理方式。预拌混凝土资质管理规定可生产"市政工程砖、道牙、隔离墩、地面砖、花饰、植草砖等小型预制构件"。另外，采用砂石分离机对新拌混凝土处置，并及时对分离后的砂石进行清理和使用也是绿色生产的主要技术手段。传统砂石分离机分离的砂石在机身同一个侧面，容易形成混料。应安排专人对分离后的砂石及时清理，并分类使用。

【评价要点】

1. 评价指标类型

"废浆（新拌）混凝土利用"是绿色生产评价通用要求的一般项；

"废浆和废弃混凝土控制"是二星级及以上绿色生产评价专项要求的一般项；

"生产废弃物"是三星级绿色生产评价专项要求的控制项。

2. 评价要素

（1）利用废弃新拌混凝土成型小型预制构件且利用率不低于 90%，得 1 分；

（2）废弃新拌混凝土经砂石分离机分离生产砂石且砂石利用率不低于 90%，得 1 分；

（3）废浆和废弃混凝土的回收利用率或集中消纳利用率均达到 90% 以上，得 4 分；

（4）全年的生产废弃物的消纳利用率或循环利用率达到 100%，达到零排放，得 6 分。

3. 核查要点

评价实施机构应根据申报单位的申报材料并结合现场评审进行核查，具体评价如下：

（1）一星级评价申报单位

1）成型小型预制构件

① 利用废弃新拌混凝土成型小型预制构件且利用率不低于 90%，得 1 分；

② 利用废弃新拌混凝土成型小型预制构件且利用率不低于 50%，得 0.5 分；

③ 在其他条件下，不得分。

2）砂石分离机分离生产砂石

① 废弃新拌混凝土经砂石分离机分离生产砂石，且砂石利用率不低于 90%，得 1 分；

② 废弃新拌混凝土经砂石分离机分离生产砂石，且砂石利用率不低于 50%，得 0.5 分；

③ 在其他条件下，不得分。

（2）二星级评价申报单位

1）废浆和废弃混凝土的回收利用率或集中消纳利用率均达到 90% 以上，得 4 分；

2) 废弃混凝土的回收利用率或集中消纳利用率达到90％以上，废浆的回收利用率或集中消纳利用率达到50％以上，得2分；

3) 其他情况下，不得分。

（3）三星级评价申报单位

1) 全年的生产废弃物（含废弃混凝土）的消纳利用率或循环利用率达到100％，达到零排放，得6分；

2) 其他情况下，不得分，且绿色生产评价结果为不通过，评审专家应提出整改建议或措施。

5.3.2 废弃硬化混凝土可生产再生骨料和粉料由预拌混凝土生产企业消纳利用，也可由其他固体废弃物再生利用机构消纳利用。

【条文说明】

5.3.2 自身配置简易破碎机对废弃硬化混凝土处置，在控制再生骨料质量的前提下，通过与天然骨料复配使用方式，可实现再生骨料的消纳并保证混凝土质量。利用各地区已有的建筑垃圾固体废弃物再生利用专业机构集中消纳利用废弃混凝土也是有效措施之一。不得直接用作垃圾填埋。

【评价要点】

1. 评价指标类型

"废浆（硬化）混凝土利用"是绿色生产评价通用要求的一般项；

"废浆和废弃混凝土控制"是二星级及以上绿色生产评价专项要求的一般项；

"生产废弃物"是三星级绿色生产评价专项要求的控制项。

2. 评价要素

（1）由固体废弃物再生利用机构消纳利用并有相关证明材料，得1分；

（2）由混凝土生产商自己生产再生骨料和粉料消纳利用，得1分；

（3）废浆和废弃混凝土的回收利用率或集中消纳利用率均达到90％以上，得4分；

（4）全年的生产废弃物的消纳利用率或循环利用率达到100％，达到零排放，得6分。

3. 核查要点

评价实施机构应根据申报单位的申报材料并结合现场评审进行核查，具体评价如下：

（1）一星级评价申报单位

1) 固体废弃物再生利用机构消纳利用

① 由固体废弃物再生利用机构消纳利用并有相关证明材料，得1分；

② 由固体废弃物再生利用机构消纳利用，但相关证明材料不完整，得0.5分；

③ 没有固体废弃物再生利用机构进行消纳利用，不得分。

2) 自己生产再生骨料

① 由混凝土生产商自己生产再生骨料和粉料消纳利用，具有规范化的生产设备和场所，得1分；

② 由混凝土生产商自己生产再生骨料和粉料消纳利用，生产设备和场所均不规范，得0.5分；

③ 混凝土生产商自己没有生产再生骨料，不得分。

（2）二星级评价申报单位（应与本规程第5.3.1条一起评价，评分固定）

1）废浆和废弃混凝土的回收利用率或集中消纳利用率均达到90%以上，得4分；

2）废弃混凝土的回收利用率或集中消纳利用率达到90%以上，废浆的回收利用率或集中消纳利用率达到50%以上，得2分；

3）其他情况下，不得分。

（3）三星级评价申报单位（应与本规程第5.3.1条一起评价，评分固定）

1）全年的生产废弃物（含废弃混凝土）的消纳利用率或循环利用率达到100%，达到零排放，得6分；

2）其他情况下，不得分，且绿色生产评价结果为不通过，评审专家应提出整改建议或措施。

5.4 噪声

5.4.1 预拌混凝土绿色生产应根据现行国家标准《声环境质量标准》GB 3096 和《工业企业厂界环境噪声排放标准》GB 12348 的规定以及规划，确定厂界和厂区声环境功能区类别，制定噪声区域控制方案和绘制噪声区划图，建立环境噪声监测网络与制度，评价和控制声环境质量。

【条文说明】

5.4.1 现行国家标准《声环境质量标准》GB 3096—2008 和《工业企业厂界环境噪声排放标准》GB 12348—2008 均详细规定了噪声要求。对噪声进行有效控制并达到相关标准要求，是绿色生产核心内容之一。应根据厂界的声环境功能区类别以及厂区内不同区域要求，建立监测网络和制度，因地制宜地针对厂区内不同区域进行差异性控制，最终达到整体、有效控制噪声的目的。

【评价要点】

1. 评价指标类型

申报单位向评价实施机构提交绿色生产评价材料时，应当包括的材料。

2. 评价要素

搅拌站（楼）应确定厂界和厂区声环境功能区类别，制定噪声区域控制方案和绘制噪声区划图，建立环境噪声监测网络与制度，评价和控制声环境质量，可通过下列文件资料反映：

（1）厂界和厂区声环境功能区类别文件；

（2）搅拌站（楼）噪声区域控制方案；

（3）搅拌站（楼）噪声区划图；

（4）环境噪声监测网络与制度。

3. 核查要点

评价实施机构应针对性检查噪声区域控制方案、噪声区划图、环境噪声监测网络与制度的文件资料，对申报单位的噪声评价和控制方法进行初步了解，当上述资料均具备时，评价结果为通过。不得分。

5.4.2 搅拌站（楼）的厂界声环境功能区类别划分和环境噪声最大限值应符合表5.4.2的规定。

搅拌站（楼）的厂界声环境功能区类别划分和环境噪声最大限值［dB（A）］ 表 5.4.2

声环境功能区域	时段	
	昼间	夜间
以居民住宅、医疗卫生、文化教育、科研设计、行政办公为主要功能，需要保持安静的区域	55	45
以商业金融、集市贸易为主要功能，或者居住、商业、工业混杂，需要维护住宅安静的区域	60	50
以工业生产、仓储物流为主要功能，需要防止工业噪声对周围环境产生严重影响的区域	65	55
高速公路、一级公路、二级公路、城市快速路、城市主干路、城市次干路、城市轨道交通地面段、内河航道两侧区域，需要防止交通噪声对周围环境产生严重影响的区域	70	55
铁路干线两侧区域，需要防止交通噪声对周围环境产生严重影响的区域	70	60

注：环境噪声限值是指等效声级。

【条文说明】

5.4.2 本规程等同采用现行国家标准《声环境质量标准》GB 3096—2008 规定的声环境功能区类别及环境噪声限值。

【评价要点】

1. 评价指标类型

（1）"环境噪声控制"是绿色生产评价通用要求的一般项；

（2）"厂界噪声控制"是二星级和三星级绿色生产评价专项要求的控制项；

（3）"厂区内噪声控制"是二星级和三星级绿色生产评价专项要求的一般项。

2. 评价要素

（1）环境噪声控制

第三方监测的厂界声环境噪声限值符合本规程表 5.4.2 的规定，得 5 分。

（2）厂界噪声控制

1）二星级评价申报单位

厂界声环境噪声限值比本规程第 5.4 节规定的所属声环境昼间噪声限值低 5dB（A）以上，或最大噪声限值 55dB（A），得 3 分；

2）三星级评价申报单位

比本规程第 5.4 节规定的所属声环境昼间噪声限值低 10dB（A）以上，或最大噪声限值 55dB（A），得 6 分；

（3）厂区内噪声控制

1）二星级评价申报单位

厂区内噪声敏感建筑物的环境噪声最大限值［dB（A）］符合下列规定：昼间生活区 55，办公区 60；夜间生活区 45，办公区 50，得 3 分。

2）三星级评价申报单位

厂区内噪声敏感建筑物的环境噪声最大限值［dB（A）］符合下列规定：昼间办公区 55；夜间办公区 45，得 5 分。

3. 核查要点

评价实施机构应根据申报单位的申报材料，特别是噪声监测报告，并结合现场实际核查来评价噪声控制，重点检查第三方监测报告的有效性、监测对象的适用性、监测资料的完整性、监测方法的规范性、监测结果的真实性、权威性和合理性。具体评价如下：

（1）环境噪声控制

1）第三方监测的厂界声环境噪声限值符合本规程表5.4.2的规定，得5分；

2）第三方监测的厂界声环境噪声限值不符合本规程表5.4.2的规定，不得分。

（2）厂界噪声控制

1）二星级评价申报单位

①厂界声环境噪声限值比本规程第5.4节规定的所属声环境昼间噪音限值低5dB（A）以上，或最大噪声限值55dB（A），得3分；

②在其他条件下，不得分。

2）三星级评价申报单位

①比本规程第5.4节规定的所属声环境昼间噪声限值低10dB（A）以上，或最大噪声限值55dB（A），得6分；

②在其他条件下，不得分。

（3）厂区内噪声控制

1）二星级评价申报单位

①厂区内噪声敏感建筑物的环境噪声最大限值［dB（A）］符合下列规定：昼间生活区55，办公区60；夜间生活区45，办公区50；得3分；

②在其他条件下，不得分。

2）三星级评价申报单位

①厂区内噪声敏感建筑物的环境噪声最大限值［dB（A）］符合下列规定：昼间办公区55；夜间办公区45；得5分；

②在其他条件下，不得分。

5.4.3 对产生噪声的主要设备设施应进行降噪处理。

【条文说明】

5.4.3 环境噪声限值不符合本规程规定时，对搅拌主机等主要设备进行降噪隔声处理是有效技术措施。

【评价要点】

1. 评价指标类型

申报单位向评价实施机构提交绿色生产评价材料时，应当包括的材料。

2. 评价要素

对产生噪声的主要设备设施应进行降噪处理，否则不得分。

3. 核查要点

评价实施机构审核申报单位提交的环境噪声监测报告且环境噪声限值不符合本规程规定时，应继续审核搅拌站（楼）对搅拌主机等主要设备进行的降噪隔声处理措施，当采取上述措施时，评价结果为通过，否则不得分。

5.4.4 搅拌站（楼）临近居民区时，应在对应厂界安装隔声装置。

【条文说明】

5.4.4 混凝土站（楼）临近居民区且环境噪声限值不符合本规程规定的情况，应采取安装隔声装置的措施。

【评价要点】

1. 评价指标类型

(1)"隔声装置"是绿色生产评价通用要求的一般项；

(2)"隔声装置"是二星级和三星级绿色生产评价专项要求的控制项。

2. 评价要素（共2分）

(1)搅拌站（楼）临近居民区时，在厂界安装隔声装置，得2分；

(2)搅拌站（楼）厂界与居民区最近距离大于50m时，不安装隔声装置，得2分。

3. 核查要点

评价实施机构应据申报单位的申报材料并结合现场实际核查来评价隔声装置，具体评价如下：

(1)一星级评价申报单位

1)搅拌站（楼）临近居民区时，在厂界安装隔声装置，隔声装置完整，噪声监测结果满足本规程要求，得2分；

2)搅拌站（楼）临近居民区时，在厂界安装隔声装置，隔声装置不完整，且噪声监测结果不满足本规程要求，得1分；

3)搅拌站（楼）临近居民区时，没有在厂界安装隔声装置，不得分；

4)搅拌站（楼）厂界与居民区最近距离大于50m时，不安装隔声装置，得2分；

5)在其他条件下，不得分。

(2)二星级、三星级评价申报单位

1)搅拌站（楼）临近居民区时，在厂界安装隔声装置，隔声装置完整，噪声监测结果满足本规程要求，得2分；

2)在其他条件下，不得分，且绿色生产评价结果为不通过，评审专家应提出整改建议或措施。

5.5 生产性粉尘

5.5.1 预拌混凝土绿色生产应根据现行国家标准《环境空气质量标准》GB 3095 和《水泥工业大气污染物排放标准》GB 4915 的规定以及环境保护要求，确定厂界和厂区内环境空气功能区类别，制定厂区生产性粉尘监测点平面图，建立环境空气监测网络与制度，评价和控制厂区和厂界的环境空气质量。

【条文说明】

5.5.1 现行国家标准《环境空气质量标准》GB 3095—2012 和《水泥工业大气污染物排放标准》GB 4915—2013 均详细规定了粉尘排放要求。对生产性粉尘进行有效控制并达到相关标准要求，也是绿色生产核心内容之一。应根据厂界和厂区的环境空气功能区类别，建立监测网络和制度，因地制宜地针对厂区内不同粉尘来源进行差异性控制，最终达到整体、有效控制生产性粉尘的目的。

【评价要点】

1. 评价指标类型

申报单位向评价实施机构提交绿色生产评价材料时，应当包括的材料。

2. 评价要素

搅拌站（楼）应确定厂界和厂区内环境空气功能区类别，制定厂区生产性粉尘监测点平面图，建立环境空气监测网络与制度，评价和控制环境空气质量，可通过下列文件资料反映：

（1）厂界和厂区空气功能区类别文件；

（2）厂区生产性粉尘监测点平面图；

（3）环境空气监测网络与制度。

3. 核查要点

评价实施机构应针对性检查厂区生产性粉尘监测点平面图、环境空气监测网络与制度的文件资料，对申报单位的生产性粉尘评价和控制方法进行初步了解，当上述资料均具备时，评价结果为通过。不得分。

5.5.2 搅拌站（楼）厂界环境空气功能区类别划分和环境空气污染物中的总悬浮颗粒物、可吸入颗粒物和细颗粒物的浓度控制要求应符合表5.5.2的规定。厂界平均浓度差值应符合下列规定：

1. 厂界平均浓度差值应是在厂界处测试1h颗粒物平均浓度与当地发布的当日24h颗粒物平均浓度的差值。

2. 当地不发布或发布值不符合混凝土站（楼）所处实际环境时，厂界平均浓度差值应采用在厂界处测试1h颗粒物平均浓度与参照点当日24h颗粒物平均浓度的差值。

总悬浮颗粒物、可吸入颗粒物和细颗粒物的浓度控制要求　　　　表5.5.2

污染物项目	测试时间	厂界平均浓度差值最大限值（$\mu g/m^3$）	
		自然保护区、风景名胜区和其他需要特殊保护的区域	居住区、商业交通居民混合区、文化区、工业区和农村地区
总悬浮颗粒物	1h	120	300
可吸入颗粒物	1h	50	150
细颗粒物	1h	35	75

【条文说明】

5.5.2　对于生产性粉尘控制而言，现行国家标准《水泥工业大气污染物排放标准》GB 4915—2013规定混凝土企业的厂界无组织排放总悬浮颗粒物的1h平均浓度不应大于$500\mu g/m^3$，而现行国家标准《环境空气质量标准》GB 3095—2012规定控制项目包括总悬浮颗粒物、可吸入颗粒物和细颗粒物，且控制技术指标更严格。考虑我国混凝土行业整体技术水平和混凝土生产特点可知，利用《环境空气质量标准》GB 3095—2012控制混凝土绿色生产要求偏严，而利用《水泥工业大气污染物排放标准》GB 4915—2013控制则要求偏松。因此，为确保混凝土绿色生产满足生产和环保要求，本规程分别提出厂界和厂区内粉尘控制指标，且厂界控制项目包括总悬浮颗粒物、可吸入颗粒物和细颗粒物。此外，监测浓度规定为1h颗粒物平均浓度，限制并可避免某时间粉尘集中排放现象的产生，浓度限值修改为平均浓度差值则合理降低了控制指标，避免上风口监测的大气污染物对混凝土生产性粉尘排放的干扰。本条根据搅拌站（楼）厂界环境空气功能区类别划分，给出环境空气污染物中的总悬浮颗粒物、可吸入颗粒物和细颗粒物的浓度控制指标，即厂界平均浓度差值。该指标系指在厂界处测试1h颗粒物平均浓度与当地发布的当日24h颗粒物平均浓度的差值。本条同时给出当地不发布当日24h颗粒物平均浓度或发布数据不符合混凝土站（楼）所处实际环境时的空气质量控制指标。

【评价要点】

1. 评价指标类型

（1）"生产性粉尘控制"是绿色生产评价通用要求的一般项；

（2）"厂界生产性粉尘控制"是二星级和三星级绿色生产评价专项要求的控制项；

（3）"厂区内生产性粉尘控制"是二星级和三星级绿色生产评价专项要求的一般项。

2. 评价要素

（1）生产性粉尘控制

第三方监测的厂界环境空气污染物中的总悬浮颗粒物、可吸入颗粒物和细颗粒物的浓度符合本规程表5.5.2中浓度限值的规定，得4分；厂区无组织排放总悬浮颗粒物的1h平均浓度限值符合本规程第5.5.3条规定，得3分。

（2）厂界生产性粉尘控制

1）二星级评价申报单位

厂区位于住区、商业交通居民混合区、文化区、工业区和农村地区时，总悬浮颗粒物、可吸入颗粒物和细颗粒物的厂界浓度差值最大限值分别为250μg/m³、120μg/m³和55μg/m³。

2）三星级评价申报单位

厂区位于住区、商业交通居民混合区、文化区、工业区和农村地区时，总悬浮颗粒物、可吸入颗粒物和细颗粒物的厂界浓度差值最大限值分别为200μg/m³、80μg/m³和35μg/m³。

（3）厂区内生产性粉尘控制

1）二星级评价申报单位

厂区内无组织排放总悬浮颗粒物的1h平均浓度限值符合下列规定：混凝土搅拌站（楼）的计量层和搅拌层不应大于800μg/m³；骨料堆场不应大于600μg/m³。

2）三星级评价申报单位

厂区内无组织排放总悬浮颗粒物的1h平均浓度限值符合下列规定：混凝土搅拌站（楼）的计量层和搅拌层不应大于600μg/m³；骨料堆场不应大于400μg/m³。

3. 核查要点

评价实施机构应根据申报单位的申报材料，特别是生产性粉尘监测报告，并结合现场实际核查来评价生产性粉尘控制，重点检查第三方监测报告的有效性、监测对象的适用性、监测资料的完整性、监测方法的规范性、监测结果的真实性、权威性和合理性。具体评价如下：

（1）生产性粉尘控制

1）第三方监测的厂界环境空气污染物中的总悬浮颗粒物、可吸入颗粒物和细颗粒物的浓度符合本规程表5.5.2中浓度限值的规定，得4分；厂区无组织排放总悬浮颗粒物的1h平均浓度限值符合本规程第5.5.3条规定，得3分。

2）在其他条件下，不得分。

（2）厂界生产性粉尘控制

1）二星级评价申报单位

① 厂区位于住区、商业交通居民混合区、文化区、工业区和农村地区时，总悬浮颗粒物、可吸入颗粒物和细颗粒物的厂界浓度差值最大限值分别为250μg/m³、120μg/m³和55μg/m³。

② 在其他条件下，不得分。

2）三星级评价申报单位

①厂区位于居住区、商业交通居民混合区、文化区、工业区和农村地区时，总悬浮颗粒物、可吸入颗粒物和细颗粒物的厂界浓度差值最大限值分别为 $200\mu g/m^3$、$80\mu g/m^3$ 和 $35\mu g/m^3$；

②在其他条件下，不得分。

（3）厂区内生产性粉尘控制

1）二星级评价申报单位

①厂区内无组织排放总悬浮颗粒物的1h平均浓度限值符合下列规定：混凝土搅拌站（楼）的计量层和搅拌层不应大于 $800\mu g/m^3$；骨料堆场不应大于 $600\mu g/m^3$；

②在其他条件下，不得分。

2）三星级评价申报单位

①厂区内无组织排放总悬浮颗粒物的1h平均浓度限值符合下列规定：混凝土搅拌站（楼）的计量层和搅拌层不应大于 $600\mu g/m^3$；骨料堆场不应大于 $400\mu g/m^3$；

②在其他条件下，不得分。

5.5.3 厂区内生产时段无组织排放总悬浮颗粒物的1h平均浓度应符合下列规定：

1. 混凝土搅拌站（楼）的计量层和搅拌层不应大于 $1000\mu g/m^3$；

2. 骨料堆场不应大于 $800\mu g/m^3$；

3. 搅拌站（楼）的操作间、办公区和生活区不应大于 $400\mu g/m^3$。

【条文说明】

5.5.3 现行国家标准《水泥工业大气污染物排放标准》GB 4915 没有规定厂区内无组织排放总悬浮颗粒物的1h平均浓度限值。一般而言，搅拌站（楼）粉尘排放最严重区域为计量层和搅拌层，因此本规程规定其1h平均浓度限值不应大于 $1000\mu g/m^3$。骨料堆场也是粉尘排放的重点区域，但是通过骨料预湿或喷淋方法可以有效降低粉尘排放，因此规定其不应大于 $800\mu g/m^3$。操作间和办公区和生活区是人员密集区，不应大于 $400\mu g/m^3$，以保证身体健康。通过控制厂区内总悬浮颗粒物浓度限值，确保厂界生产性粉尘排放浓度限值达到本规程规定。

【评价要点】

参照本规程第5.5.2条的评价要求。

5.5.4 预拌混凝土绿色生产宜采取下列防尘技术措施：

1. 对产生粉尘排放的设备设施或场所进行封闭处理或安装除尘装置；

2. 采用低粉尘排放量的生产、运输和检测设备；

3. 利用喷淋装置对砂石进行预湿处理。

【条文说明】

5.5.4 本条针对生产粉尘排放不符合本规程规定的情况，提出控制环境噪声的具体技术措施。

【评价要点】

1. 评价指标类型

申报单位向评价实施机构提交绿色生产评价材料时，应当包括的材料。

2. 评价要素

（1）对产生粉尘排放的设备设施或场所进行封闭处理或安装除尘装置，不得分；

（2）采用低粉尘排放量的生产、运输和检测设备，不得分；

（3）利用喷淋装置对砂石进行预湿处理，不得分。

3. 核查要点

评价实施机构审核申报单位提交的生产性粉尘监测报告且生产粉尘排放不符合本规程规定的情况，应继续审核搅拌站（楼）采取了何种技术措施来降低粉尘排放，当采取上述所有技术措施时，评价结果为通过。不得分。

5.6 运输管理

5.6.1 运输车应达到当地机动车污染物排放标准要求，并应定期保养。

【条文说明】

5.6.1 车辆尾气显著影响空气质量。运输车污染物排放应满足各地要求。对车辆定期保养有利于延长车辆寿命和保证交通安全。

【评价要点】

1. 评价指标类型

绿色生产评价通用要求的一般项。

2. 评价要素

运输车达到当地机动车污染物排放标准要求并定期保养，得2分。

3. 核查要点

评价实施机构应根据申报单位的申报材料并结合现场实际核查来评价机动车污染物排放及保养状况。具体评价如下：

（1）运输车达到当地机动车污染物排放标准要求并定期保养，保养记录完整，得2分；

（2）运输车达到当地机动车污染物排放标准要求，不定期保养或保养记录不完整，得1分；

（3）在其他条件下，不得分。

【背景知识】

达到当地机动车污染物排放标准是搅拌运输车进行生产运输的前提条件。对车辆进行定期保养能够保证车辆始终处于最佳运行状态，延长车辆使用寿命，提高乘车舒适性，及时发现并消除故障隐患。

5.6.2 原材料和产品运输过程应保持清洁卫生，符合环境卫生要求。

【条文说明】

5.6.2 原材料和产品运输过程清洁卫生，也是绿色生产的重要内容。

【评价要点】

参照本规程第3.2.6条的评价要求。

5.6.3 预拌混凝土绿色生产应制定运输管理制度，并应合理指挥调度车辆，且宜采用定位系统监控车辆运行。

【条文说明】

5.6.3 本条主要规定车辆运输管理要求，提高车辆利用率并节能减排。中国建设的北斗卫星导航系统BDS可提供开放服务和授权服务（属于第二代系统）两种服务方式。

目前"北斗"终端价格已经趋于全球定位系统 GPS 终端价格。采用 BDS 或 GPS 可避免交通拥挤，降低运输成本。

【评价要点】

1. 评价指标类型

绿色生产评价通用要求的一般项。

2. 评价要素

采用定位系统监控车辆运行，得 1 分。

3. 核查要点

评价实施机构应根据申报单位的申报材料并结合现场实际核查来评价车辆定位系统。具体评价如下：

(1) 采用定位系统监控车辆运行，覆盖所有搅拌运输车，得 1 分；

(2) 采用定位系统监控车辆运行，覆盖半数以上搅拌运输车，得 0.5 分；

(3) 在其他条件下，不得分。

【背景知识】

为加强混凝土运输过程的管理，车辆定位监控调度管理系统的应用成了必然选择。该系统通常具有导航、定位、测速、报警、无线通话、显示航迹等功能。搅拌站（楼）使用车辆定位监控调度管理系统的效果主要体现为：仅需一名管理人员即可完成车辆调度工作；实时掌握车辆运行状态，有效监控搅拌运输车的超速、乱停和乱靠等现象；有利于车辆维护和保养；提高车辆利用效率；控制运输成本。

5.6.4 冲洗运输车辆宜使用循环水，冲洗运输车产生的废水可进入废水回收利用设施。

【条文说明】

5.6.4 利用生产废水循环冲洗运输车辆有利于节水。将冲洗运输车产生的废水进行回收利用时，应避免混入油污。

【评价要点】

参照本规程第 5.2.6 条的评价要求。

5.7 职业健康安全

5.7.1 预拌混凝土绿色生产除应符合现行国家标准《职业健康安全管理体系要求》GB/T28001 的规定外，尚应符合下列规定：

1. 应设置安全生产管理小组和专业安全工作人员，制定安全生产管理制度和安全事故应急预案，每年度组织不少于一次的全员安全培训；

2. 在生产区内噪声、粉尘污染较重的场所，工作人员应佩戴相应的防护器具；

3. 工作人员应定期进行体检。

【条文说明】

5.7.1 职业健康和安全生产是绿色生产的基石。现行国家标准《职业健康安全管理体系要求》GB/T 28001—2011 对职业健康和安全生产管理提出具体要求。在噪声、粉尘污染较重的场所从业人员应通过佩戴防护器具，保护身体健康。而定期进行体检可及时了解长久面临粉尘和噪声的从业人员的身体健康情况，并体现人文关怀。

【评价要点】

1. 评价指标类型

(1) 绿色生产评价通用要求的一般项；

(2) 三星级绿色生产评价专项要求的一般项。

2. 评价要素

(1) 一星级评价申报单位

1) 每年度组织不少于一次的全员安全培训，得1分；

2) 在生产区内噪声、粉尘污染较重的场所，工作人员佩戴相应的防护器具，得1分；

3) 工作人员定期进行体检，得1分。

(2) 三星级评价申报单位

符合现行国家标准《职业健康安全管理体系要求》GB/T 28001—2011规定，得2分。

3. 核查要点

评价实施机构应根据申报单位的申报材料并结合现场实际核查来评价职业健康安全管理效果，重点核查、评价安全培训、防护器具和体检内容。具体评价如下：

(1) 一星级评价申报单位

1) 全员安全培训

① 每年度组织不少于一次的全员安全培训，得1分；

② 全员安全培训频率大于1年1次，小于2年1次，得0.5分；

③ 其他条件下，不得分。

2) 工作人员佩戴相应的防护器具

① 在生产区内噪声、粉尘污染较重的场所，工作人员佩戴相应的防护器具，得1分；

② 当生产区内的噪声和粉尘排放满足国家标准《声环境质量标准》GB 3096—2008和《环境空气质量标准》GB 3095—2012的要求时，工作人员可以不佩戴防护器具，得1分；

③ 其他条件下，不得分。

3) 工作人员定期进行体检

① 全体工作人员定期进行体检，得1分；

② 部分工作人员定期进行体检，得0.5分；

③ 其他条件下，不得分。

(2) 三星级评价申报单位

参照本规程第1.0.5条的评价要求进行。

5.7.2 生产区的危险设备和地段应设置醒目安全标识，安全标识的设定应符合现行国家标准《安全标志及其使用导则》GB 2894的规定。

【条文说明】

5.7.2 对生产区的危险设备和地段设置安全标志，可提高安全生产水平。

【评价要点】

1. 评价指标类型

申报单位向评价实施机构提交绿色生产评价材料时，应当包括的材料。

2. 评价要素

(1) 生产区的危险设备和地段应设置醒目安全标识，不得分；

（2）安全标识的设定应符合现行国家标准《安全标志及其使用导则》GB 2894—2008 的规定，不得分。

3. 核查要点

评价实施机构应据申报单位的申报材料并结合现场实际核查来评价安全标识。当搅拌站（楼）按标准规定在生产区的危险设备和地段设置醒目安全标识时，评价结果为通过。不得分。

【背景知识】

安全生产是绿色生产及管理的特征之一。设置安全标识并规范其使用，是实现安全生产的重要措施。在搅拌站（楼）生产过程中，危险设备和地段并不多，通过全员安全培训，强化风险意识，可以实现安全生产的目标，需要投入的人力、物力和财力也不多。因此，本评价结果不评分。

第6章 监测控制

6.0.1 绿色生产监测控制对象应包括生产性粉尘和噪声。当生产废水和废浆用于制备混凝土时，监测控制对象尚应包括生产废水和废浆。预拌混凝土绿色生产应编制监测控制方案，并针对监测控制对象定期组织第三方监测和自我监测。废浆、生产废水、噪声和生产性粉尘的监测时间应选择满负荷生产时段，监测频率最小限值应符合表 6.0.1 的规定，检测结果应符合本规程第 5 章的规定。

废浆、生产废水、生产性粉尘和噪声的监测频率最小限值　表 6.0.1

监测对象	监测频率（次/年）		
	第三方监测	自我监测	总计
废浆	1	—	1
生产废水	1	—	1
噪声	1	2	3
生产性粉尘	1	1	2

【条文说明】

6.0.1 预拌混凝土绿色生产时可利用自我检测结果加强内部控制，可利用第三方监测结果进行绿色生产等级评价。二星级及以上绿色生产等级应具备生产性粉尘和噪声自我监测能力。未达到绿色生产等级或一星级绿色生产等级也可委托法定检测机构监测来并替代自我监测。应当强调的是，生产废水和废浆用于制备混凝土时，方需要进行监测。生产废水完全循环用于路面除尘、生产和运输设备清洗时，则不需要监测。废浆不用于制备混凝土时，也不需要监测，但是其作为固体废弃物被处置时，必须有处置记录。由于混凝土生产规模的不同，会影响生产废水、废浆、生产性粉尘和噪声的指标，一般来说，连续生产时粉尘和噪声指标会偏高。因此，监测时间应选择满负荷生产期。预拌混凝土绿色生产的废弃物监测控制方案应包括监测对象、控制目标、监测方法、监测结果记录和应急预案等内容。

【评价要点】

1. 评价指标类型

（1）"监测资料"是绿色生产评价通用要求的控制项；

（2）"生产性粉尘的监测"是绿色生产评价通用要求的一般项；

（3）"生产废水和废浆的监测"是绿色生产评价通用要求的一般项；

（4）"环境噪声的监测"是绿色生产评价通用要求的一般项。

2. 评价要素

（1）监测资料（共 5 分）

1）具有第三方监测结果报告，得 2 分；

2）具有生产废水和废浆处置或循环利用记录，得1分；

3）具有除尘、降噪和废水处理等环保设施检查或维护记录，得1分；

4）具有料位控制系统定期检查记录，得1分。

（2）生产性粉尘的监测

生产性粉尘的监测符合本规程第6.0.4条的规定，监测频率符合本规程表6.0.1的规定，具有监测结果报告，得2分。

（3）生产废水和废浆的监测

1）生产废水和废浆用于制备混凝土时，监测符合本规程第6.0.2条的规定，监测频率符合本规程表6.0.1的规定，具有监测结果报告，得2分；

2）生产废水完全循环用于硬化地面降尘、生产设备和运输车辆冲洗时，不需要监测，得2分。

（4）环境噪声的监测

环境噪声的监测符合本规程第6.0.3条的规定，监测频率符合本规程表6.0.1的规定，具有监测结果报告，得1分。

3. 核查要点

生产性粉尘、生产废水和废浆以及环境噪声的监测控制是绿色生产及管理的核心环节。评价实施机构应根据申报单位的申报材料并结合现场实际核查来评价监测控制，重点检查监测对象的适用性、监测资料的完整性、监测方法的规范性、监测结果的真实性、权威性和合理性。具体评价如下：

（1）监测资料

1）第三方监测结果报告

① 监测对象全面并具有第三方监测结果报告，监测频率符合本规程表6.0.1的规定，监测结果报告内容完整、监测方法规范且监测结果真实可信，得2分；

② 在其他条件下，不得分。

2）生产废水和废浆处置或循环利用记录

① 具有生产废水和废浆处置或循环利用记录，记录资料归档保存完整，数据可追溯，得1分；

② 在其他条件下，不得分。

3）除尘、降噪和废水处理等环保设施检查或维护记录

① 有除尘、降噪和废水处理等环保设施检查或维护记录，记录资料归档保存完整，数据可追溯，得1分；

② 在其他条件下，不得分。

4）料位控制系统定期检查记录

① 具有料位控制系统定期检查记录，记录资料归档保存完整，数据可追溯，得1分；

② 在其他条件下，不得分。

（2）生产性粉尘的监测

1）生产性粉尘的监测符合本规程第6.0.4条的规定，监测频率符合本规程表6.0.1的规定，具有监测结果报告，得2分；

2）生产性粉尘的监测基本符合本规程第6.0.4条的规定，监测频率符合本规程表

6.0.1的规定，监测结果报告内容不完整或监测结果存疑，得1分；

3）在其他条件下，不得分。

（3）生产废水和废浆的监测

1）生产废水和废浆用于制备混凝土

① 生产废水和废浆用于制备混凝土时，监测符合本规程第6.0.2条的规定，监测频率符合本规程表6.0.1的规定，具有监测结果报告，得2分；

② 生产废水和废浆用于制备混凝土时，监测符合本规程第6.0.2条的规定，监测频率符合本规程表6.0.1的规定，监测结果报告内容不完整或监测结果存疑，得1分；

③ 在其他条件下，不得分。

2）生产废水完全循环用于硬化地面降尘、生产设备和运输车辆冲洗

① 生产废水完全循环用于硬化地面降尘、生产设备和运输车辆冲洗时，不需要监测，得2分；

② 生产废水不用于硬化地面降尘、生产设备和运输车辆冲洗，不得分。

（4）环境噪声的监测

1）环境噪声的监测符合本规程第6.0.3条的规定，监测频率符合本规程表6.0.1的规定，具有监测结果报告，得1分；

2）环境噪声的监测符合本规程第6.0.3条的规定，监测频率符合本规程表6.0.1的规定，监测结果报告内容不完整或监测结果存疑，得0.5分；

3）在其他条件下，不得分。

【背景知识】

对生产性粉尘、生产废水和废浆以及环境噪声等监测对象进行有效监测是绿色生产及管理的核心环节。监测包括自我监测和第三方监测两种方式，监测时应注意监测资料的完整性、监测方法的规范性、监测结果的真实性、权威性和合理性。本章对绿色生产监测控制对象、监测方式、监测频率、生产废水、废浆检测、粉尘测点分布、监测方法和评价、噪声测点分布、监测方法和评价分别提出具体技术要求，并对定期检查和维护除尘、降噪和废水处理等环保设施做出具体规定。

监测是手段，控制是目的。在绿色生产过程中，应充分利用各种监测技术，及时得到监测结果，利用监测结果分析绿色生产和管理可能存在的漏洞，进而提出新的控制对象和实现目标，来满足绿色生产星级评价要求。由于我国预拌混凝土企业多数位于城区的居民区或工业区，并存在生产特殊性，因此，监测环境噪声和生产性粉尘的监控点分布也具有特殊性。

与联合国世界卫生组织的《空气质量准则》、美国《国家环境空气质量标准》和欧盟《环境空气质量法令》相比，我国《环境空气质量标准》GB 3095—2012规定的大气污染物排放标准相对不高。这主要归因于我国现阶段的城市化和工业化发展现状。通过调研可以发现，城市内的机动车、燃煤、工业生产和扬尘产生的细颗粒物比例较高，由此导致空气质量变差。根据环境保护部网站发布的2014年9月份及第三季度京津冀、长三角、珠三角区域及直辖市、省会城市和计划单列市等74个城市空气质量状况，数据显示，第三季度保定、济南、北京等6个城市达标天数比例不足50%。在这种特殊环境下进行生产性粉尘监测，必须分清厂界外环境客观存在的粉尘和预拌混凝土生产产

生的粉尘。因此，不论是监测厂界环境空气污染物浓度还是监测厂区内总悬浮颗粒物浓度，均不宜选择周边大气质量较差时间段。

6.0.2 生产废水的检测方法应符合现行行业标准《混凝土用水标准》JGJ 63 的规定。废浆的固体颗粒含量检测方法可按现行国家标准《混凝土外加剂匀质性试验方法》GB/T 8077 的规定执行。

【条文说明】

6.0.2 本条规定了生产废水的检测方法，以及废浆的固体颗粒含量检测方法。

【评价要点】

1. 评价指标类型

申报单位向评价实施机构提交绿色生产评价材料时，申报单位提交的原材料检测报告以及质量控制技术措施所包括的内容。

2. 评价要素

（1）生产废水的检测方法符合现行行业标准《混凝土用水标准》JGJ 63—2006 的规定，不得分；

（2）废浆的固体颗粒含量检测方法按现行国家标准《混凝土外加剂匀质性试验方法》GB/T 8077—2012 的规定执行，不得分。

3. 核查要点

评价实施机构应通过审核申报单位提交的生产废水和废浆处置和循环利用证明文件，或混凝土质量控制技术措施，来核查其生产废水和废浆的检测方法是否满足本规程要求。循环利用证明文件至少包括生产废水和废浆物理性能的日常检测报告，掺用生产废水或废浆的配合比通知单等。由于生产废水和废浆检测并不是决定其循环利用的决定性环节，并且可能存在其他的有效检测方法，因此，上述评价结果不计入评价总分。

6.0.3 环境噪声的测点分布和监测方法除应符合现行国家标准《声环境质量标准》GB 3096 和《工业企业厂界环境噪声排放标准》GB 12348 的规定外，尚应符合下列规定：

1. 当监测厂界环境噪声时，应在厂界均匀设置四个以上监控点，并应包括受被测声源影响大的位置；

2. 当监测厂区内环境噪声时，应在厂区的骨料堆场、搅拌站（楼）控制室、食堂、办公室和宿舍等区域设置监控点，并应包括噪声敏感建筑物的受噪声影响方向；

3. 各监控点应分别监测昼间和夜间环境噪声，并应单独评价。

【条文说明】

6.0.3 本条针对噪声提出具体的测点分布和监测方法。当第三方检测机构出具噪声检测报告时，应注明当天混凝土实际生产量和气象条件。

【评价要点】

1. 评价指标类型

申报单位向评价实施机构提交绿色生产评价材料时，申报单位提交的噪声检测报告所包括的内容。

2. 评价要素

（1）监控点分布

1）厂界环境噪声监测报告包含厂界四个以上监控点；

2）厂区内环境噪声监测报告包含骨料堆场、搅拌站（楼）控制室、食堂、办公室和宿舍等监控点。

（2）监测要求及评价

各监控点分别监测昼间和夜间环境噪声，监测结果单独评价。

3. 核查要点

评价实施机构应通过审核申报单位提交的噪声监测结果报告，来核查其监测点分布、监测位置、监测指标、监测方法是否满足本规程要求。噪声监测结果反应预拌混凝土绿色生产中的噪声控制水平。环境噪声控制及评价应满足本规程第5.4节和第6.0.1条的评价要求。

【背景知识】

监测搅拌站（楼）环境噪声的监测方法符合现行国家标准《声环境质量标准》GB 3096—2008和《工业企业厂界环境噪声排放标准》GB 12348—2008的规定。由于我国很多搅拌站位于城区或城乡结合部的繁华地段，与其他工业企业的分布区域明显不同。对搅拌站（楼）噪声监测时，更易受周边交通状况、居民环境和厂区内不同监测点的影响。当厂界噪声较大时，容易引起扰民现象。当厂区内噪声较大时，容易对企业员工身体健康造成安全隐患。因此，本规程针对厂界和厂区内噪声监控点作出具体规定，适当增加监测区域，从而更有利于全面评价噪声排放水平，为全面提高绿色生产及管理水平提供重要依据。

6.0.4 生产性粉尘排放的测点分布和监测方法除应符合国家现行标准《大气污染物无组织排放监测技术导则》HJ/T 55、《环境空气总悬浮颗粒物的测定重量法》GB/T 15432和《环境空气PM10和PM2.5的测定重量法》HJ 618的规定外，尚应符合下列规定：

1. 当监测厂界生产性粉尘排放时，应在厂界外20m处、下风口方向均匀设置两个以上监控点，并应包括受被测粉尘源影响大的位置，各监控点应分别监测1h平均值，并应单独评价；

2. 当监测厂区内生产性粉尘排放时，当日24h细颗粒物平均浓度值不应大于75μg/m³，应在厂区的骨料堆场、搅拌站（楼）的搅拌层、称量层、办公和生活等区域设置监控点，各监控点应分别监测1h平均值，并应单独评价；

3. 当监测参照点大气污染物浓度时，应在上风口方向且距离厂界50m位置均匀设置两个以上参照点，各参照点应分别监测24h平均值，取算术平均值作为参照点当日24h颗粒物平均浓度。

【条文说明】

6.0.4 针对生产性粉尘提出具体的测点分布和监测方法。当第三方检测机构出具粉尘检测报告时，应注明当天混凝土实际生产量和气象条件。

【评价要点】

1. 评价指标类型

申报单位向评价实施机构提交绿色生产评价材料时，申报单位提交的生产性粉尘检测报告所包括的内容。

2. 评价要素

（1）监测点分布

1）厂界生产性粉尘监测报告包含厂界外20m处、下风口方向的两个以上监控点；

2）厂区内生产性粉尘监测报告包含骨料堆场、搅拌站（楼）的搅拌层、称量层、办公和生活区等监控点；

3）参照点大气污染物浓度监测时，在上风口方向且距离厂界50m位置均匀设置两个以上参照点。

（2）监测要求及评价

各监控点分别监测本规程规定的大气污染物项目。参照点监测结果取算术平均值，其他监控点监测结果单独评价。

3．核查要点

评价实施机构应通过审核申报单位提交的生产性粉尘监测结果报告，来核查其监测点分布、大气污染物项目、监测方法、监测天气是否满足本规程要求。生产性粉尘监测结果反应预拌混凝土绿色生产中的粉尘控制水平。生产性粉尘控制及评价应满足本规程第5.5节和第6.0.1条的评价要求。

【背景知识】

监测搅拌站（楼）生产性粉尘的监测方法符合国家现行标准《大气污染物无组织排放监测技术导则》HJ/T 55—2000、《环境空气总悬浮颗粒物的测定重量法》GB/T 15432—1995和《环境空气PM10和PM2.5的测定重量法》HJ 618—2011的规定。与噪声监测相同，对搅拌站（楼）生产性粉尘监测时，更易受周边交通状况、居民环境和厂区内不同监控点的影响。当厂界生产性粉尘较大时，容易引起扰民现象并会给区域内的空气质量控制产生负面影响。当厂区内生产性粉尘较大时，容易对企业员工造成身体健康安全隐患。因此，本规程针对厂界和厂区内生产性粉尘监控点作出具体规定，特点如下：

1．适当增加监测区域，更有利于全面评价生产性粉尘排放水平，为全面提高绿色生产及管理水平提供重要依据。

2．规定了监测厂区内生产性粉尘排放的空气质量要求，即当日24h细颗粒物平均浓度值不应大于$75\mu g/m^3$，避免周边环境空气质量过差，对监测数据造成较大的背景污染；在背景空气质量污染严重，且第三方检测机构必须进行厂区内生产性粉尘监测时，应将检测结果值减去背景值作为最终检测值，用来评价厂区内生产性粉尘排放。

3．规定了参照点大气污染物浓度的监测和评价，提高了搅拌站（楼）监测生产性粉尘的可操作性。

6.0.5 预拌混凝土绿色生产应定期检查和维护除尘、降噪和废水处理等环保设施，并应记录运行情况。

【条文说明】

6.0.5 本条规定了除尘、降噪和废水处理环保设施的日常管理。

【评价要点】

本条评价见本规程第6.0.1条的评价规定。

【背景知识】

配置除尘、降噪和废水处理等环保设备设施是实现预拌混凝土绿色生产的重要条件，而对上述设备定期检查和维护，保持其功能正常和高效运行，则是实现绿色生产的充分保证。因此，搅拌站（楼）应安排专人对上述环保设备设施进行定期检查和维护，并详细记录其运行情况，以保证绿色生产过程的连续性。

第7章 绿色生产评价

7.0.1 预拌混凝土绿色生产评价指标体系可由厂址选择和厂区要求、设备设施、控制要求和监测控制四类指标组成。每类指标应包括控制项和一般项。当控制项不合格时，绿色生产评价结果应为不通过。

【条文说明】

7.0.1 本条规定了预拌混凝土绿色生产评价指标体系组成，即由厂址选择和厂区要求、设备设施、控制要求和监测控制四类指标组成。控制项应为绿色生产的必备条件，一般项为划分绿色生产等级的可选条件。一般项的单项可不合格。

【背景知识】

绿色生产等级评价是适用于混凝土产品安全、质量、环保等特性评价、监督和管理的有效手段。绿色生产评价是绿色生产及技术管理的外延要求，有利于企业从根本上转变生产经营模式，推动企业的内部质量管理体系和环境管理体系的建立，引导企业按照循环经济的要求改进生产设计、生产工艺和生产过程，推动企业管理走向科学化和规范化。实行绿色生产评价制度，可加强混凝土生产的过程控制，使预拌混凝土制备、生产、使用以及回收的整个过程都符合特定的环保要求，对生态无害或危害极小，并有利于资源的再生与回收。实施绿色生产评价制度有助于淘汰落后产能，提高混凝土产业集中度，规范行业市场竞争的有序化和公平性。实施绿色生产评价制度对于提高我国混凝土技术水平同样具有重要意义。目前，欧美等发达国家正在开展混凝土绿色评价，以 NRMCA 推出的混凝土绿色之星认证为例，通过认证的企业数量近年来持续增加。因此，利用现有标准体系，积极推动混凝土行业开展绿色生产评价对于提高我国混凝土技术水平和保护环境质量具有重要意义。与美国混凝土绿色之星相比，我国预拌混凝土行业缺乏绿色生产基础数据，尚不能建立能源消耗指标体系。因此，本规程规定的指标体系包括厂址选择和厂区要求、设备设施、控制要求和监测控制四类指标，具体指标要求也不尽相同。

7.0.2 绿色生产评价等级应划分为一星级、二星级和三星级。绿色生产评价等级、总分和评价指标要求应符合表7.0.2的规定。

绿色生产评价等级、总分和评价指标要求　　　　　　　　　　　表7.0.2

等级	总分	厂区要求			设备设施			控制要求			监测控制		
		控制项	一般项	分值	控制项	一般项	分值	控制项	一般项	分值	控制项	一般项	分值
★	100	1	5	10	2	10	50	1	7	30	1	3	10
★★	130	1	5	10	12	0	50	4	12	60	1	3	10
★★★	160	1	5	10	12	0	50	7	15	90	1	3	10

7.0.2 本条规定了绿色生产评价等级划分，及其对应不同评价指标的控制项、一般项和分值规定，用以评价和表征不同混凝土企业的绿色生产及管理技术水平。

【背景知识】

本规程参照现行国家标准《绿色建筑评价标准》GB/T 50378—2006 的相关规定，对评价等级、总分和评价指标做出具体规定，其特点如下：

厂区要求共 10 分，与星级评价总分的比值小；随着绿色生产评价等级从一星级、二星级上升到三星级，星级评价总分增多，厂区要求的分值与星级评价总分的比值逐渐变小，厂区要求的影响作用降低；

设备设施共 50 分，与一星级评价总分的比值为 50%；随着绿色生产评价等级从一星级、二星级上升到三星级，星级评价总分增多，设备设施的分值与星级评价总分的比值逐渐变小。这表明设备设施已经从一星级评价的决定性因素降低为重要性因素；

监测控制共 10 分，与星级评价总分的比值小；随着绿色生产评价等级从一星级、二星级上升到三星级，星级评价总分增多，监测控制的分值与星级评价总分的比值逐渐变小，监测控制的影响作用降低；

随着绿色生产评价等级从一星级、二星级上升到三星级，控制要求的分值从 30 分、60 分提升到 90 分，与星级评价总分的比值逐渐变大，这表明控制要求是评定二星级和三星级的决定性因素。

7.0.3 一星级绿色生产评价应按本规程附录 A 的规定进行评价。当评价总分不低于 80 分时，评价结果应为通过。

【条文说明】

7.0.3 本条规定了一星级绿色生产的评价标准，一星级绿色生产是绿色生产的初级，重点关注设备设施的硬件要求以及关键控制技术。

7.0.4 二星级绿色生产评价应符合下列规定：

1. 应按本规程附录 A 和附录 B 分别评价，并累计评价总分；

2. 按本规程附录 A 进行评价，评价总分不应低于 85 分，且设备设施评价应得满分；按本规程附录 B 进行评价，评价总分不应低于 20 分；

3. 当累计评价总分不低于 110 分时，评价结果应为通过。

【条文说明】

7.0.4 本条规定了二星级绿色生产的评价标准。混凝土绿色生产达到二星级绿色生产等级时，应完全满足绿色生产所需设备设施要求，并显著提升废弃物利用、厂界噪声和厂区内总悬浮颗粒物控制水平。含职工宿舍的生活区和含食堂的办公区噪声不宜过高，以保障职工生活舒适性和身心健康。因此，本规程参照现行国家标准《声环境质量标准》GB 3096—2008 给出了生活区和办公区的噪声控制要求。二星级绿色生产累计评价总分是指按本规程附表 1 得到的评价总分与按本规程附表 2 得到的评价总分之和。

7.0.5 三星级绿色生产评价宜符合下列规定：

1. 应按本规程附录 A、附录 B 和附录 C 分别评价，并累计评价总分；

2. 按本规程附录 A 进行评价，评价总分不应低于 90 分，且设备设施评价应得满分；按本规程附录 B 进行评价，评价总分不应低于 25 分；按本规程附录 C 进行评价，评价总分不应低于 20 分；

　　3. 当累计评价总分不低于 140 分时，评价结果应为通过。

【条文说明】

　　7.0.5　本条规定了三星级绿色生产的具体要求。混凝土绿色生产达到三星级绿色生产等级时，同样应完全满足设备设施要求，并具有更高绿色生产水平。具体表现为：混凝土生产过程的厂界和厂区噪声、粉尘排放均能得到有效控制，并与周边环境和谐共处；生产过程产生的生产废水、废浆和废弃混凝土 100% 回收利用或消纳。三星级绿色生产累计评价总分是指按本规程附表 1 得到的评价总分、按本规程附表 2 得到的评价总分和按本规程附表 3 得到的评价总分三者之和。

附录 A 绿色生产评价通用要求

绿色生产评价通用要求 　　　　　　　　　　　　　　　　　附表 A

评价指标	指标类型	分值	分项评价内容	分项分值	评价要素
厂区要求	控制项	4	道路硬化及质量	4	道路硬化率达到100%，得2分；硬化道路质量良好、无明显破损，得2分
	一般项	6	功能分区	1	厂区内的生产区、办公区和生活区采用分区布置，得1分
			未硬化空地的绿化	1	厂区内未硬化空地的绿化率达到80%以上，得1分
			绿化面积	1	厂区整体绿化面积达10%以上，得1分
			生产废弃物存放处的设置	1	生产区内设置生产废弃物存放处，得0.5分；生产废弃物分类存放、集中处理，得0.5分
			整体清洁卫生	2	厂区门前道路、环境按门前三包要求进行管理，并符合要求，得1分；厂区内保持卫生清洁，得1分
设备设施	控制项	14	除尘装置		粉料筒仓顶部、粉料贮料斗、搅拌机进料口或骨料贮料斗的进料口均安装除尘装置，除尘装置状态和功能完好，运转正常，得7分
			生产废水、废浆处置系统	7	生产废水、废浆处置系统包括排水沟系统、多级沉淀池系统和管道系统且正常运转，得4分；排水沟系统覆盖连通装车层、骨料堆场和废弃新拌混凝土处置设备设施，并与多级沉淀池连接，得1分。当生产废水和废浆用作混凝土拌合用水时，管道系统连通多级沉淀池和搅拌主机，得1分，沉淀池设有均化装置，得1分；当经沉淀或压滤处理的生产废水用于硬化地面降尘、生产设备和运输车辆冲洗时，得2分
	一般项	33	监测设备	3	拥有经校准合格的噪声测试仪，得1分；拥有经校准合格的粉尘检测仪，得2分
			清洗装置	4	预拌混凝土绿色生产配备运输车清洗装置，得2分；搅拌站（楼）的搅拌层和称量层设置水冲洗装置，冲洗废水通过专用管道进入生产废水处理系统，得2分
			防喷溅设施	2	搅拌主机卸料口设下料软管等防喷溅设施，得1分

评价指标	指标类型	分值	分项评价内容	分项分值	评价要素
设备设施	一般项	33	配料地仓、皮带输送机	6	配料地仓与骨料仓一起封闭，得2分；当采用高塔式骨料仓时，配料地仓单独封闭得2分。骨料用皮带输送机侧面封闭且上部加盖，得4分
			废弃新拌混凝土处置设备设施	4	采用砂石分离机时，砂石分离机的状态和功能良好，运行正常，得4分；利用废弃新拌混凝土成型小型预制构件时，小型预制构件成型设备的状态和功能良好，运行正常，得4分；采用其他先进设备设施处理废弃新拌混凝土并实现砂、石和水的循环利用时，得4分
			粉料仓标识和料位控制系统	3	水泥、粉煤灰矿粉等粉料仓标识清晰，得1分；粉料仓均配备料位控制系统，得2分
			雨水收集系统	2	设有雨水收集系统并有效利用，得2分
			骨料堆场或高塔式骨料仓	5	当采用高塔式骨料仓时，得5分。当采用骨料堆场时：地面硬化率100%，并排水通畅，得1分；采用有顶盖无围墙的简易封闭骨料堆场，噪声和生产性粉尘排放满足本规程6.4节和6.5节要求，得2分；采用有三面以上围墙的封闭式堆场，得3分，噪声和生产性粉尘排放满足本规程6.4节和6.5节要求，得1分；采用有三面以上围墙且安装喷淋抑尘装置的封闭式堆场，得4分
			整体封闭的搅拌站（楼）	5	当搅拌站（楼）四周封闭时，得4分，噪声和生产性粉尘排放满足本规程6.4节和6.5节要求，得1分；当搅拌站（楼）四周及顶部同时封闭时，得5分。当搅拌站不封闭并满足本规程第6.4节和第6.5节要求时，得5分
			隔声装置	2	搅拌站（楼）临近居民区时，在厂界安装隔声装置，得2分；搅拌站（楼）厂界与居民区最近距离大于50m时，不安装隔声装置，得2分
控制要求	控制项	5	废弃物排放	5	不向厂区以外直接排放生产废水、废浆和废弃混凝土，得5分
	一般项	25	环境噪声控制	5	第三方监测的厂界声环境噪声限值符合本规程表6.4.2的规定，得5分
			生产性粉尘控制	7	第三方监测的厂界环境空气污染物中的总悬浮颗粒物、可吸入颗粒物和细颗粒物的浓度符合本规程表6.5.2中浓度限值的规定，得4分；厂区无组织排放总悬浮颗粒物的1h平均浓度限值符合本规程第6.5.3条规定，得3分

评价指标	指标类型	分值	分项评价内容	分项分值	评价要素
控制要求	一般项	25	生产废水利用	3	沉淀或压滤处理的生产废水用作混凝土拌合用水并符合本规程第6.2.3条的规定，得3分； 沉淀或压滤处理的生产废水完全循环用于硬化地面降尘、生产设备和运输车辆冲洗时，得3分
			废浆处置和利用	2	利用压滤机处置废浆并做无害化处理，且有应用证明，得2分；或者废浆直接用于预拌混凝土生产并符合本规程第6.2.4条的规定，得2分
			废弃混凝土利用	2	利用废弃新拌混凝土成型小型预制构件且利用率不低于90%，得1分；或者废弃新拌混凝土经砂石分离机分离生产砂石且砂石利用率不低于90%，得1分；当循环利用硬化混凝土时：由固体废弃物再生利用机构消纳利用并有相关证明材料，得1分；由混凝土生产商自己生产再生骨料和粉料消纳利用，得1分
			运输管理	3	采用定位系统监控车辆运行，得1分；运输车达到当地机动车污染物排放标准要求并定期保养，得2分
			职业健康安全管理	3	每年度组织不少于一次的全员安全培训，得1分；在生产区内噪声、粉尘污染较重的场所，工作人员佩戴相应的防护器具，得1分；工作人员定期进行体检，得1分
监测控制	控制项	5	监测资料	5	具有第三方监测结果报告，得2分；具有生产废水和废浆处置或循环利用记录，得1分；具有除尘、降噪和废水处理等环保设施检查或维护记录，得1分；具有料位控制系统定期检查记录，得1分
	一般项	5	生产性粉尘的监测	2	生产性粉尘的监测符合本规程第7.0.4条的规定，监测频率符合本规程表7.0.1的规定，具有监测结果报告，得2分
			生产废水和废浆的监测	2	生产废水和废浆用于制备混凝土时，监测符合本规程第7.0.2条的规定，监测频率符合本规程表7.0.1的规定，具有监测结果报告，得2分； 生产废水完全循环用于硬化地面降尘、生产设备和运输车辆冲洗时，不需要监测，得2分
			环境噪声的监测	1	环境噪声的监测符合本规程第7.0.3条的规定，监测频率符合本规程表7.0.1的规定，具有监测结果报告，得1分

【条文说明】

  绿色生产评价通用要求包括厂址选择和厂区要求、设备设施、控制要求和监测控制四类指标，突出设备设施和关键控制技术指标，共包括 5 个控制项和 25 个一般项。本规程针对不同绿色生产评价等级，提出了不同评分要求，用以表征不同混凝土企业的绿色生产及管理技术水平。绿色生产评价达到二星级和三星级等级时，必须具备通用要求所规定的设备设施，即设备设施评价应得满分。

附录 B 二星级及以上绿色生产评价专项要求

二星级及以上绿色生产评价专项要求 附表 B

评价指标	指标类型	分值	分项评价内容	分项分值	评价要素
控制技术	控制项	12	生产废水控制	4	全年的生产废水消纳利用率或循环利用率达到100%，并有相关证明材料
			厂界生产性粉尘控制	5	厂区位于住区、商业交通居民混合区、文化区、工业区和农村地区时，总悬浮颗粒物、可吸入颗粒物和细颗粒物的厂界浓度差值最大限值分别为250$\mu g/m^3$、120$\mu g/m^3$和55$\mu g/m^3$
			厂界噪声控制	3	比本规程第6.4节规定的所属声环境昼间噪音限值低5dB（A）以上，或最大噪声限值55dB（A）
	一般项	18	废浆和废弃混凝土控制	4	废浆和废弃混凝土的回收利用率或集中消纳利用率均达到90%以上
			厂区内生产性粉尘控制	4	厂区内无组织排放总悬浮颗粒物的1h平均浓度限值符合下列规定：混凝土搅拌站（楼）的计量层和搅拌层不应大于800$\mu g/m^3$；骨料堆场不应大于600$\mu g/m^3$
			厂区内噪声控制	3	厂区内噪声敏感建筑物的环境噪声最大限值[dB（A）]符合下列规定：昼间生活区55，办公区60；夜间生活区45，办公区50
			环境管理	4	应符合现行国家标准《环境管理体系要求及使用指南》GB/T 24001规定
			质量管理	3	应符合现行国家标准《质量管理体系要求》GB/T 19001规定

【条文说明】

　　二星级绿色生产等级代表预拌混凝土绿色生产及管理更高水平。申请二星级绿色生产评价时，应完全满足设备设施要求，具有较高的废弃物利用、噪声和生产性粉尘控制水平，并可通过环境管理体系认证和质量管理体系认证。因此，二星级及以上绿色生产评价专项要求重点针对上述内容提出详细要求，共包括3个控制项和5个一般项。此外，申请三星级绿色生产评价时，应基本满足二星级及以上绿色生产评价专项要求。

附录 C 三星级绿色生产评价专项要求

三星级绿色生产评价专项要求 附表 C

评价指标	指标类型	分值	分项评价内容	分项分值	评价要素
控制技术	控制项	18	生产废弃物	6	全年的生产废弃物的消纳利用率或循环利用率达到 100%，达到零排放
			厂界生产性粉尘控制	6	厂区位于住区、商业交通居民混合区、文化区、工业区和农村地区时，总悬浮颗粒物、可吸入颗粒物和细颗粒物的厂界浓度差值最大限值分别为 $200\mu g/m^3$、$80\mu g/m^3$ 和 $35\mu g/m^3$
			厂界噪声控制	6	比本规程第 6.4 节规定的所属声环境昼间噪音限值低 10dB（A）以上，或最大噪声限值 55dB（A）
	一般项	12	厂区内生产性粉尘控制	5	厂区内无组织排放总悬浮颗粒物的 1h 平均浓度限值符合下列规定：混凝土搅拌站（楼）的计量层和搅拌层不应大于 $600\mu g/m^3$；骨料堆场不应大于 $400\mu g/m^3$
			厂区内噪声控制	5	厂区内噪声敏感建筑物的环境噪声最大限值 [dB（A）] 符合下列规定：昼间办公区 55；夜间办公区 45
			职业健康安全管理	2	应符合现行国家标准《职业健康安全管理体系要求》GB/T 28001 规定

【条文说明】

　　三星级绿色生产等级代表预拌混凝土绿色生产及管理最高水平。申请三星级绿色生产评价时，同样应完全满足设备设施要求，具有更高的废弃物利用、噪声和生产性粉尘控制水平，并可通过职业健康安全管理体系认证。因此，三星级绿色生产评价专项要求重点针对上述内容提出详细要求，共包括 3 个控制项和 3 个一般项。

　　本篇主要起草人：韦庆东

第4篇 专题论述

第1章 噪声监测操作要求

1.1 噪声来源

预拌混凝土搅拌站（楼）主要声源包括：搅拌主机、空压机、运输车、柴油发动机、水泵等，噪声值多在 85～95dB（A）之间。

一般可采取建筑隔声、减振等方法降噪，并可降低噪声对环境的影响。选用噪声较低的布料机或装载机也是常用的有效方法之一。

1.2 噪声监测

1.2.1 监测设备

测量仪器精度为 2 型及 2 型以上的积分平均声级计或环境噪声自动监测仪器，其性能需符合 GB 3785—1983 和 GB/T 17181—1997 的规定，并定期校验。

测量前后使用声校准器校准测量仪器的示值偏差不得大于 0.5dB，否则测量无效。声校准器应满足 GB/T 15173—2010 对 1 级或 2 级声校准器的要求。测量时传声器应加防风罩[1]。

1.2.2 监测标准

1.《声环境质量标准》GB 3096—2008。

2.《工业企业厂界环境噪声排放标准》GB 12348—2008。

1.2.3 监测方案

1. 依据监测标准确定厂界和厂区声环境功能区类别，并针对搅拌站（楼）厂界和厂区内不同区域分别提出环境噪声最大限值。

2. 测点分布及选择

（1）测点分布

1）监测厂界环境噪声时，应在厂界均匀设置四个以上测点，其中包括受被测声源影响大的位置；

2）当需要监测厂区内环境噪声时，应在厂区的骨料堆场、搅拌站（楼）控制室、食堂、办公室和宿舍等区域设置测点，其中应包括噪声敏感建筑物的受噪声影响方向。

（2）测点条件（指传声器所置位置）

根据监测对象和目的，可选择以下三种测点条件（指传声器所置位置）进行环境噪声的测量：

1）一般户外

距离任何反射物（地面除外）至少 3.5m 外测量，距地面高度 1.2m 以上。必要时可置于高层建筑上，以扩大监测受声范围。使用监测车辆测量，传声器应固定在车顶部 1.2m 高度处。

2）噪声敏感建筑物户外

在噪声敏感建筑物外，距墙壁或窗户 1m 处，距地面高度 1.2m 以上。

3）噪声敏感建筑物室内

距离墙面和其他反射面至少 1m，距窗约 1.5m 处，距地面 1.2～1.5m 高。

3. 监测时间及气象条件

检测时间应为正常生产期。测量应在无雨雪、无雷电天气，风速 5m/s 以下时进行。

4. 检测结果

声环境功能区监测每次至少进行一昼夜 24 小时的连续监测，得出每小时及昼间、夜间的等效声级 Leq、Ld、Ln 和最大声级 Lmax。

噪声敏感建筑物以昼间、夜间环境噪声源正常工作时段的 Leq 和夜间突发噪声 Lmax 作为评价噪声敏感建筑物户外（或室内）环境噪声水平。

5. 测量记录

包括以下事项：（1）日期、时间、地点及测定人员；（2）使用仪器型号、编号及其校准记录；（3）测定时间内的气象条件（风向、风速、雨雪等天气状况）；（4）测量项目及测定结果；（5）测量依据的标准；（6）测点示意图；（7）声源及运行工况说明（如交通噪声测量的交通流量等）；（8）其他应记录的事项。

1.3 噪声监测结果分析

环境噪声监测结果分析应满足本指南第 3 篇第 5 章的要求，出具监测报告时应重点注意以下方面：

1. 监测单位资质、监测点分布、监测位置、监测指标、监测方法和监测频率符合规程规定；

2. 根据厂界声环境功能区类别划分和环境噪声最大限值对监测结果进行判定，各监控点的环境噪声单独评价；

3. 监测报告内容应包括当天预拌混凝土生产状态和气象条件。

以深圳为海建材有限公司厂界噪声监测为便，其测试结果如表 4.1 所示。

深圳为海建材有限公司各搅拌站噪声测试结果，LeqdB（A）　表 4.1

序号	站点名称	监测点编号及位置		监测值		标准限值		结果评价
		编号	测点位置	昼间	夜间	昼间	夜间	
1	坂田	1	厂西边对出界外一米	58.1	45	60	50	达标
		2	厂北边对出界外一米	58.2	41.8			达标
		3	厂东边对出界外一米	58.9	43.8			达标
		4	厂南边对出界外一米	57.3	45.1			达标

序号	站点名称	监测点编号及位置		监测值		标准限值		结果评价
		编号	测点位置	昼间	夜间	昼间	夜间	
2	坪地	1	公司1号对出界外一米	58.9	45.8	60	50	达标
		2	公司2号对出界外一米	59.1	42.7			达标
		3	公司3号对出界外一米	58.2	47.1			达标
		4	公司4号对出界外一米	59.7	43.6			达标
3	大鹏	1	公司1号对出界外一米	53.8	41.9	60	50	达标
		2	公司2号对出界外一米	58.7	43.2			达标
		3	公司3号对出界外一米	55.6	42.2			达标
		4	公司4号对出界外一米	58.1	43.2			达标
4	松岗	1	公司1号对出界外一米	57.2	42.8	60	50	达标
		2	公司2号对出界外一米	55.4	42.1			达标
		3	公司3号对出界外一米	55.9	41.9			达标
		4	公司4号对出界外一米	56.2	42.3			达标
5	坑梓	1	公司1号对出界外一米	57.8	47.2	60	50	达标
		2	公司2号对出界外一米	56.9	41.3			达标
		3	公司3号对出界外一米	57.3	42.5			达标
		4	公司4号对出界外一米	58.1	40.8			达标
6	西乡	1	公司1号对出界外一米	58.7	42.8	60	55	达标
		2	公司2号对出界外一米	57.2	42.7			达标
		3	公司3号对出界外一米	59.1	45.6			达标
		4	公司4号对出界外一米	56.4	45.3			达标

第 2 章　生产性粉尘监测操作要求

2.1　粉尘来源

混凝土搅拌站（楼）粉尘主要来源包括：在上料、称量、输送过程中产生的扬尘；粉料在输送过程中产生的粉尘外泄；装载机在将料场中的砂、石装载入搅拌站配料仓时，铲斗抛料时产生扬尘；骨料由平皮带输送机、斜皮带输送机从称量斗输送到骨料集料斗时，由于斜皮带输送机头部滚筒和集料斗之间存在着很高的落差，在抛投骨料时会产生粉尘。

2.2　粉尘监测

监测原理：分别通过具有一定切割特性的采样器，以恒速抽取定量体积空气，使环境空气中 PM2.5、PM10 和总悬浮颗粒物被截留在已知质量的滤膜上，根据采样前后滤膜的重量差和采样体积，计算出 PM2.5、PM10 和总悬浮颗粒物浓度。

2.2.1　监测设备

1. 切割器：

（1）PM10 切割器、采样系统：切割粒径 Da50＝（10±0.5）μm；捕集效率的几何标准差为 σ_g＝（1.5±0.1）μm。其他性能和技术指标应符合 HJ/T 93—2003 的规定。

（2）PM2.5 切割器、采样系统：切割粒径 Da50＝（2.5±0.2）μm；捕集效率的几何标准差为 σ_g＝（1.2±0.1）μm。其他性能和技术指标应符合 HJ/T 93—2003 的规定[2]。

2. 采样器孔口流量计或其他符合本规程技术指标要求的流量计。

（1）大流量流量计：量程（0.8～1.4）m^3/min；误差≤2％。

（2）中流量流量计：量程（60～125）L/min；误差≤2％。

（3）小流量流量计：量程＜30L/min；误差≤2％。

3. 滤膜：根据样品采集目的可选用玻璃纤维滤膜、石英滤膜等无机滤膜或聚氯乙烯、聚丙烯、混合纤维素等有机滤膜。滤膜对 $0.3\mu m$ 标准粒子的截留效率不低于 99％。空白滤膜按《环境空气 PM10 和 PM2.5 的测定 重量法》第 7 章分析步骤进行平衡处理至恒重，称量后，放入干燥器中备用。

4. 分析天平：感量 0.1mg 或 0.01mg。

5. 恒温恒湿箱（室）：箱（室）内空气温度在（15～30）℃ 范围内可调，控温精度 ±1℃。箱（室）内空气相对湿度应控制在（50±5）％。恒温恒湿箱（室）可连续工作。

6. 干燥器：内盛变色硅胶。

2.2.2　监测标准

1.《环境空气质量标准》GB 3095—2012

2.《水泥工业大气污染物排放标准》GB 4915—2013

3.《大气污染物无组织排放监测技术导则》HJ/T 55—2011

4.《环境空气总悬浮颗粒物的测定 重量法》GB/T 15432—1995

5.《环境空气PM10和PM2.5的测定 重量法》HJ 618—2011

2.2.3 监测方案

1. 确定环境空气功能区类别和浓度控制要求

依据监测标准确定搅拌站（楼）厂界环境空气功能区类别，其环境空气污染物中的总悬浮颗粒物、可吸入颗粒物和细颗粒物的浓度控制要求应符合规程表5.5.2的规定。当地不发布当日24h颗粒物平均浓度或发布的当日24h颗粒物平均浓度不符合混凝土生产企业所处实际环境时，厂界平均浓度差值系指在厂界处测试1h颗粒物平均浓度与参照点当日24h颗粒物平均浓度的差值。污染物测试时间应选择正常生产时段。

厂区内生产时段无组织排放总悬浮颗粒物的1h平均浓度应符合下列规定：混凝土搅拌站（楼）的计量层和搅拌层不应大于$1000\mu g/m^3$；骨料堆场不应大于$800\mu g/m^3$；搅拌站（楼）的操作间、办公区和生活区不应大于$400\mu g/m^3$。

2. 测点分布

（1）监测厂界生产性粉尘排放时，应在厂界外20m处（无明显厂界，以车间外20m处）下风口方向均匀设置2个以上监控点，其中包括受被测粉尘源影响大的位置，各监控点应分别监测1h平均值，并应单独评价；

（2）监测厂区内生产性粉尘排放时，应在厂区的骨料堆场、搅拌站（楼）的搅拌层、称量层、办公和生活等区域设置监控点，各监控点应分别监测1h平均值，并应单独评价；

（3）监测参照点大气污染物浓度时，应在上风口方向且距离厂界50m位置均匀设置2个以上监控点，各监控点应分别监测24h平均值，取其算术平均值作为参照点当日24h颗粒物平均浓度。

3. 测点条件（指粉尘计所置位置）

根据监测对象和目的，可选择以下两种测点条件（指粉尘计所置位置）进行粉尘的测量：

（1）常规测量

采样点应避开污染源及障碍物。当监测厂界粉尘排放时，应距离厂界20m以外。在建筑物上安装监测仪器时，监测仪器的采样口离建筑物墙壁、屋顶等支撑物表面的距离应大于1米；当某监测点需设置多个采样口时，为防止其他采样口干扰颗粒物样品的采集，颗粒物采样口与其他采样口之间的直线距离应大于1m。若使用大流量总悬浮颗粒物（TSP）采样装置进行并行监测，其他采样口与颗粒物采样口的直线距离应大于2m。具体监测时，采样口要求如下：

1）对于手工间断采样，其采样口离地面的高度应在1.5～15m范围内；

2）对于自动监测，其采样口或监测光束离地面的高度应在3～15m范围内；

3）采样口周围水平面应保证270°以上的捕集空间，如果采样口一边靠近建筑物，采样口周围水平面应有180°以上的自由空间；

4）监测点周围环境状况相对稳定；

5）监测点附近无强大的电磁干扰。

（2）交通枢纽

如果测定交通枢纽处PM10和PM2.5，采样点应布置在距人行道边缘外侧1m处。

82

4. 监测时间及气象条件

检测时间应为正常生产期。采样不宜在风速大于 8m/s 等天气条件下进行。在采样过程中，应观测采样点位环境大气的温度、压力，有条件时可观测相对湿度、风向、风速等气象参数：

气温观测，所用温度计温度测量范围一般为 -40~45℃，精度为±0.5℃。

大气压观测，所用气压计测量范围一般为 50~107kPa，精度为±0.1kPa。

相对湿度观测，所用湿度计测量范围一般为 10%~100%，精度为±5%。

风向观测，所用风向仪测量范围一般为 0°~360°，精度为±5°。

风速观测，所用风速仪测量范围一般为 1~60m/s，精度为±0.5m/s。

5. 检测结果

当 PM10 或 PM2.5 含量很低时，采样时间不能过短。

PM2.5 和 PM10 浓度按下式计算：

$$\rho = \frac{w_2 - w_1}{V} \times 1000$$

式中 ρ ——PM10 或 PM2.5 浓度，mg/m³；

w_2 ——采样后滤膜的重量，g；

w_1 ——空白滤膜的重量，g；

V ——已换算成标准状态（101.325kPa，273K）下的采样体积，m³。

6. 采样环境及采样频率

环境空气监测中采样环境及采样频率的要求，按 HJ/T 194—2005 的要求执行。监测 1h 浓度时，采样时间不应少于 45min。

2.3 粉尘监测结果分析

粉尘监测结果分析应满足本指南第 3 篇第 5 章的要求，出具监测报告时应重点注意以下方面：

1. 监测单位资质、监测点分布、大气污染物项目、监测方法、监测天气和监测频率符合规程规定；

2. 根据厂界环境空气功能区类别划分和环境空气污染物中的总悬浮颗粒物、可吸入颗粒物和细颗粒物的浓度控制要求对监测结果进行判定；

3. 监测报告内容还应说明当天预拌混凝土生产状态。

本篇主要起草人：韦庆东、宋晓明

参考文献

[1] 环境保护部，《工业企业厂界环境噪声排放标准》GB 12348—2008，中国环境科学出版社，2008-10-01.

[2] 中华人民共和国环境保护部，《环境空气 PM10 和 PM2.5 的测定重量法》HJ 618—2011，中国环境科学出版社，2011-11-01.

第5篇 绿色生产范例及试评价

第1章 绿色生产范例选择

根据《国民经济行业分类与代码》GB/T 4754—2011 规定，混凝土行业归属于建筑业。当前"可持续发展"、"绿色"和"节能减排"已成为建筑业发展主题，推动绿色生产实现预拌混凝土产业升级对于混凝土行业可持续发展同样具有重要意义。我国国土幅员辽阔，东西部地区经济发展不平衡，客观展现的预拌混凝土生产方式也不相同，其表现形式主要如下：落后地区多数以传统开放式生产方式为主；发达地区开始建设环保、生态型搅拌站（楼）；同一地区采用的绿色生产及管理技术不同；各生产企业对涉及绿色生产相关标准的理解和应用水平不同等。由于绿色生产涉及厂址选择、厂区要求、设备设施、控制要求、监测控制和评价等技术和管理内容，并受产业政策、行业监督和地方法律法规影响，所以因地制宜地选用绿色生产和管理技术，形成企业自身特色，达到绿色生产目标，又降低成本投入，实现更好的投资回报率是众多混凝土生产企业面临的主要任务。

本指南针对既有搅拌站改造和新建搅拌站分别给出了两个绿色生产范例。既有搅拌站改造以为海（宿迁）建材有限公司和上海城建物资有限公司军工路分公司为范例，详细阐述了如何实现从传统生产方式向绿色生产方式的改造，特别是如何关注改造细节，达到绿色生产整体目标，可作为既有搅拌站进行生产方式升级的参考。新建搅拌站（楼）以上海城建物资有限公司新龙华分公司和深圳市为海建材有限公司松岗分公司为范例，详细阐述了如何做好厂区规划和厂址选择，配备绿色生产设备设施，采用更加先进的绿色生产技术和管理制度，从而建设高起点、高水平的绿色生产搅拌站，可作为建设环保型搅拌站的参考。

第 2 章　绿色生产明星经典之路

为海（宿迁）既有搅拌站（楼）绿色生产改造

2.1　为海（宿迁）建材有限公司概述

　　深圳为海集团创立于 2001 年 6 月 26 日，旗下拥有 23 家分公司，遍布广东、江苏、青岛和贵阳等省市。自成立以来，秉承"不只为彼岸更为海"的企业核心价值观，打造了广东省著名商标"为海"品牌，作为国内混凝土行业的知名企业，被认定为混凝土行业的国家高新技术企业，并通过了质量管理体系、环境管理体系和职业健康安全体系认证。现拥有一支由教授、高级工程师、博士、硕士等 200 多人组成的精英技术团队。集团与国内院校、研究机构之间广泛开展技术合作，已经建立 9 个实习基地、4 个研究生工作站、1 个国家级院士工作站、1 个博士生工作站和 2 个省级混凝土工程技术研究中心。截至 2014 年 10 月，集团累计申请 34 项国家专利，参编 21 项国家、行业或地方标准，发表专业学术论文数十篇。

　　为海（宿迁）建材有限公司成立于 2006 年 6 月，专业从事预拌混凝土的生产和销售，拥有预拌混凝土专业企业三级资质，服务区域覆盖宿迁市区及邻近县市。2013 年 11 月～2014 年 4 月，公司根据预拌混凝土绿色生产及管理技术要求，完成了系统性技术改造，并拥有完善的绿色（环保）生产工艺和设备设施。因此，在混凝土企业升级换代和绿色环保生产基地建设方面，为海（宿迁）建材有限公司具有广泛代表性。公司现有一支由高级工程师、博士、硕士等 16 人组成的核心技术团队。公司以"成就客户、成长员工、成功企业、成名社会"为企业宗旨，全力打造宿迁市混凝土行业标杆，目前已成为苏中和苏北地区预拌混凝土绿色生产和管理技术水平最高生产基地。公司自成立以来先后荣获江苏混凝土行业优秀企业、江苏省重合同守信用企业、江苏省混凝土最佳企业和江苏省民营科技企业等荣誉称号，并先后为湖滨新城商务大厦（星辰国际酒店）、苏宿工业园、宿豫商务中心大楼、南师大树人学校、宿迁人民医院综合大楼、国际会展中心、公安大厦、双星大厦等百项重点工程提供混凝土供应服务。

2.2　项目概述

　　为海（宿迁）建材有限公司注册资金 2500 万元，总投资超过 5000 万元，位于江苏省宿迁市宿城区经济开发区振兴大道，2007 年 7 月正式营业。公司拥有两条 SICOMA4500/3000L 型的全自动生产线（180m³/h），设计产能 120 万 m³/年，配备 40 辆混凝土搅拌车、6 台汽车泵和 5 台地泵，建有符合相关标准要求的专项试验室。公司 2011 年至 2013 年预拌混凝土实际产量 60 多万 m³。公司所在区域交通便捷，采用公路运输方式。厂区按功能

分区，不同区域独立布局，分为办公区、生活区、生产区、试验区等，其鸟瞰图如图 5.1
所示。

图 5.1　为海（宿迁）建材有限公司厂区鸟瞰图

2013 年 11 月～2014 年 4 月，公司以提升绿色生产及管理技术水平为目标，对厂区要
求、绿色生产设备设施和管理制度等分别进行了系统改造或升级，主要工作内容如下：

1. 对厂区及设备设施进行改造升级，增加了全封闭式骨料仓系统、脉冲除尘系统、
智能喷淋降尘系统、废水与废浆回收系统、废弃混凝土回收系统、封闭式骨料传送带系
统、品质检查台等环保设备设施；

2. 根据管理体系标准要求，系统编制了《实验室管理手册》和《生产管理制度》等
规章制度，规范生产和管理；

3. 采用信息化管理系统进行无纸化办公。

2.3　技术改造原因

技术改造原因主要如下：1. 改造前骨料露天堆放，在称量、输送、上料过程中容易
产生粉尘；2. 搅拌站（楼）未采用较好的隔声、减震、除尘等措施，噪声和粉尘控制不
理想；3. 使用传统砂石分离机，存在废浆沉淀、浆水分离的状况，废浆回收利用效率低；
4. 试验室产生的硬化混凝土废弃试件未能有效利用，形成固体废弃物；5. 厂区及厂界处
的绿化率低，绿色植物较少，吸附除尘和降低噪声作用不明显；6. 员工工作环境单调，
缺乏活泼生机。

2.4　技术改造措施

2.4.1　改造骨料堆场和传送带

改造目的是降低生产性粉尘和噪声排放，提高混凝土质量控制水平，建设花园式工
厂。主要措施如下：将局部封闭骨料堆改造为全封闭式骨料堆场；骨料堆场内配置降尘

喷淋装置；粗细骨料传送带封闭。

（a）　　　　　　　　　　　　（b）

图 5.2　改造前局部封闭骨料堆场

（a）改造前；（b）改造前

（a）　　　　　　　　　　　　（b）

图 5.3　改造后全封闭式骨料堆场

（a）改造后全封闭式骨料堆场外景；（b）改造后全封闭式骨料堆场内景

图 5.4　改造后骨料堆场配置的喷淋系统

2.4.2　搅拌站（楼）改造

改造目的是限制搅拌站（楼）处所产生的粉尘排放和噪声污染，提升搅拌站（楼）外表美观度，建设花园式工厂。主要措施如下：封闭改造搅拌站（楼）；升级搅拌层等部位的除尘系统或装置；采取其他隔声和减震技术措施。

（a）　　　　　　　　　　　　　　　　（b）

图 5.5　改造前搅拌楼外观图

（a）改造前搅拌楼正面；（b）改造前搅拌楼侧面

（a）　　　　　　　　　　　　　　　　（b）

图 5.6　改造后全封闭搅拌楼外观图

（a）改造后搅拌楼正面；（b）改造后搅拌楼侧面

（a）　　　　　　　　　　　　　　　　（b）

图 5.7　搅拌楼卸料口改造前后对比

（a）改造前搅拌楼卸料口处；（b）改造后搅拌楼落料口处

2.4.3　升级砂石分离机系统

对砂石分离机系统进行改造，优化废浆管道路径，方便回收利用。

2.4.4 增设废弃混凝土回收系统

增设一套废弃混凝土回收系统。实现固体废弃混凝土的回收利用。

2.4.5 增设雨水回收系统

充分利用全封闭骨料堆场的顶部空间，设置雨水回收利用管道，将雨水回收利用。

2.4.6 提高厂区绿化率

对场内地面未硬化的区域进行绿化，采用乔木、灌木和花草搭配方式，建设立体式绿化带，增加厂区内绿化面积，提高其对粉尘和噪声的抑制效果。

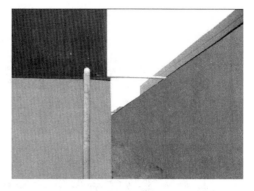

图 5.8 改造后雨水收集系统管道

图 5.9 厂区内绿化

2.5 改造效果及效益

为海（宿迁）建材有限公司通过改造升级，成功转变成绿色环保型混凝土生产基地，具备绿色生产工艺和设施，符合绿色生产标准要求，对于搅拌站及环境均具有重要的现实意义。搅拌站改造后效果陈述如下：

1. 生产性粉尘控制。改造成全封闭式搅拌楼和骨料堆场，封闭骨料传送带，骨料堆场内配备喷淋系统，有效地控制生产性粉尘排放，并大幅降低其浓度，确保厂区和厂界的总悬浮颗粒物、粗颗粒物和细颗粒物排放限值符合标准技术规定。此外，粗细骨料含水率不受天气变化影响，待检和已检骨料分区存放，提高了混凝土质量控制水平。

2. 噪声控制。改造成全封闭式搅拌楼和骨料堆场，控制厂区内机器作业噪声的传播扩散，改造后昼间和夜间噪声敏感建筑物环境噪声限值分别小于 70dB（A）和 55dB（A）。

3. 雨水回收利用。系统性收集雨水，并用于冲洗场地、冲洗搅拌车和浇灌植被等，每年可节约 6 吨淡水资源。

4. 废水、废浆和废弃混凝土循环利用。对废浆回收系统进行改造，并新增废弃混凝土回收系统，实现了生产性废水、废浆和废弃混凝土 100% 回收利用。

5. 环境优化。通过改造进一步优化厂区布局，提高绿化率，极大地改善了员工的工作环境。

第 3 章 与邻无争，大隐于市

上海城建物资既有搅拌站（楼）绿色生产改造

3.1 上海城建物资军工路分公司概述

上海城建物资有限公司是以预拌混凝土、预制构件、新型建材科研开发、生产销售为主业的国有独资企业，注册资本 1.85 亿元，资产总额超过 13 亿元，年销售总额超过 15 亿元。公司下设 6 混凝土分公司，10 个混凝土搅拌站（基地），预拌混凝土设计能力超过 600 万 m^3/年，实际年产量排名位列上海市混凝土行业前三甲。公司拥有预拌混凝土专业企业最高资质及混凝土预制构件最高资质，具备生产各类普通混凝土、特种混凝土和预拌砂浆，以及混凝土预制构件的技术储备和能力。公司通过了质量管理体系（ISO9001）、环境管理体系（ISO14000）和职业健康安全管理体系（OHSAS18000）三个体系认证，为混凝土行业的国家高新技术企业。

军工路分公司是上海城建物资有限公司下属混凝土生产企业，可生产各种类型的普通混凝土和特种混凝土。该公司从 1989 年开始预拌混凝土生产，是上海沪东地区建站较早、享有较高社会信誉的混凝土搅拌站。公司按照预拌混凝土生产企业的标准化建设要求，现有三部一室，在职员工 50 人。公司毗邻共青国家森林公园和民星住宅小区，为适应城市发展新面貌、周边居民新需求和环保执法新高度的变化，公司自 2009 年开始对搅拌站进行综合性、环保型改造，并成为上海市首批环保型搅拌站之一。因此，在传统预拌混凝土企业改造和绿色生产示范基地建设方面，军工路分公司具有典型代表性。公司重视企业内部管理，以及员工素质培养和科研的投入，从 1998 年起连续荣获"上海市文明场站"的称号，连续多年被评为上海市混凝土行业"质量诚信"企业。20 多年来，公司先后承担了上海人民英雄纪念碑、人民路隧道、新江湾城、地铁 8 号线、地铁 10 号线、地铁 12 号线、中环线广粤段、万达广场、世博园沪上生态家、长江隧桥、崇启大桥等上海市重点实事工程及标志性建筑的混凝土供应任务。

3.2 项目概述

上海城建物资有限公司军工路分公司位于杨浦区军工路 1555 号，占地面积 1.09 万 m^2。现有 $3m^3$ 搅拌机二台，总装机容量 $6m^3$。生产线设计年产量 80 万 m^3，实际年产量 50～60 万 m^3，设计产能完全满足实际需求。公司建有符合相关标准要求的专项试验室，具有甲级实验室资质。公司所在区域交通便捷，采用公路运输方式。厂区整体按功能区块划分为 4 大块，不同区域独立布局，分为原材料称量区、原材料堆放区、预拌混凝土生产区和办公生活区。实时监控系统覆盖原材料运输、储存、上料和投料，以及混凝土搅拌和装卸等环节，保证了整个生产过程的质量控制水平。

2009 年军工路分公司以节能、环保和循环利用为目标，对绿色生产设备设施和管理制度等进行了改造或升级，主要工作内容如下：

1. 配备全封闭上料斜皮带机和长距离平皮带布料机，辅以自动喷淋系统和脉冲负压收尘系统，有效抑制砂石骨料运输及储存阶段粉尘的污染。

2. 集成化配置砂石分离系统、废浆分级沉淀和废水回收循环系统，以及废弃混凝土回收利用系统，实现废弃混凝土、废水、废浆的资源化利用，实现零排放。

3. 厂区内部和部分厂界设置隔声墙，控制噪声传播，对骨料堆场和拌站楼实行隔声降噪全封闭处理，主要生产设备都选用日本技术、中国台湾进口的低能耗、低噪声的搅拌系统，控制噪声源。

4. 采用节能式搅拌机，选购两台 3 立方 75KW 高效节能型双卧轴式搅拌机，在搅拌机上部加装高清探头和探照灯，实时监控原材料投放和搅拌过程，严把产品质量。

3.3　技术改造原因

作为有着 20 多年历史的搅拌站，军工路分公司直接参与了周边一大批住宅小区、办公楼宇和市政工程的建设。在改造之前，预拌混凝土采用传统生产方式并伴随较多的粉尘排放、四处横流的污水和刺耳的噪声，与周边日新月异的城市发展新面貌以及广大市民不断增长的环保意识格格不入。周边居民的投诉上访以及环保部门执法检查对公司生产经营带来较大影响和压力，促使公司不得不改变原有生产方式，并采取更加绿色环保的生产方式。

3.4　技术改造措施

3.4.1　改善厂区布置

改造目的是功能分区，实现人流和物流的顺畅流动，实现安全生产，提高生产效率。主要措施如下：厂区机动车道与人行道分离，按照设计产量及厂区出入口位置合理设计拌车运行路线及停车排队区域，节约土地资源，提高运输调度效率；骨料堆场设置备用出入口车道，避免因主干道被故障车辆堵死后影响正常生产；厂区进行合理规划，将搅拌机、螺旋输送机、空压机等主要噪声产生源设备集中设置于厂区中央，避免噪声源过分分散，便于集中进行综合降噪处理；在厂区内进行绿化带的设计，通过种植带有吸附粉尘污染物功能的植被减少和降低厂区及周边扬尘污染；提高厂区无硬化路面绿化率，使绿化面积达到80%以上；沿厂界防护墙安装隔音材料的墙板，减少噪声对周边环境的影响；生活区垃圾进行资源化分类，提高资源化利用率。厂区规划布置如图5.10所示。

3.4.2　改造骨料堆场

改造目的是降低生产性粉尘和噪声排放。主要措施如下：采用隔声降噪彩钢板对搅拌站骨料堆场实施整体封闭；堆场内部沿墙体上部架设喷淋管道，定期对场地喷洒以达到降尘效果；利用封闭式骨料堆场，降低装载机作业噪音对外界的影响；建造下沉式配料斗，将称量斗设置于地下，通过自动上料系统和封闭式皮带输送机将砂石骨料运送到搅拌楼，降低骨料在卸料输送过程中产生的噪声和粉尘。

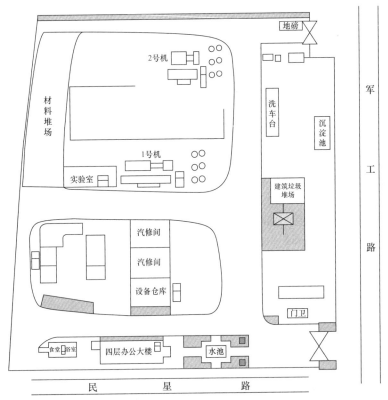

图 5.10　厂区规划布置图

图 5.11　隔声绿化带

图 5.12　办公楼室内绿化

图 5.13　厂区生态绿化

图 5.14　生活垃圾分类

图 5.15　改造前露天料仓

图 5.16　改造后全封闭式料仓

图 5.17　改造后料仓喷淋降尘系统

图 5.18　改造后封闭式上料系统

3.4.3　搅拌站（楼）改造

改造目的是达到搅拌站（楼）处降噪、节能、降尘的目的。主要措施如下：将搅拌站主楼采用隔声彩钢板封闭，上料、称量、搅拌和卸料环节均在密封的搅拌楼里完成；搅拌主机采用一台 75kW 电机驱动节能式、低噪声的双卧轴搅拌机，与传统两台 55kW 电机分别驱动一根搅拌主轴相比，达到节能 32％效果；在搅拌机上部加装高清探头和探照灯，实时监控原材料投放和搅拌过程，严控控制产品质量；在卸料层加装一个过渡料斗，提前存储拌合后的混凝土拌合物，混凝土搅拌车停稳到落料位置即可卸料，减少了搅拌车排队等候时间，大大提高了工作效率。

图 5.19　改造前搅拌楼

图 5.20　改造后搅拌楼

图 5.21　改造前搅拌系统

图 5.22　改造后搅拌系统

图 5.23　脉冲负压收尘系统

3.4.4　增设脉冲负压收尘系统

主要措施如下：水泥和粉料筒仓增设加装脉冲负压收尘装置，将收尘后形成的粉料用螺旋输送机送回相应的计量斗内，有效控制粉尘的排放；利用大直径波纹管将搅拌机顶部和负压收尘设备连通，实现生产性粉尘的快速吸附，将收尘后形成的粉料用螺旋输送机送回搅拌机进行二次投料，既解决了扬尘污染，又保证了混凝土配合比的精确计量。

3.4.5　砂石分离机系统升级

主要措施如下：清洗搅拌运输车滚筒内废弃混凝土，经送料螺旋机送入砂石分离机进行处置；分离后的砂石经螺旋机输送到相应场地，不混杂堆放，并定期用装载机运至骨料堆场上料斗，实现循环利用；分离期间生产的泥浆水通过污水管道流入沉淀池处置，用于后续循环利用。

图 5.24　改造前砂石分离机系统

图 5.25　改造后砂石分离机系统

3.4.6　增设废浆分级沉淀及回收循环系统

主要措施如下：通过管道或排水沟将生产过程中产生的废水、废浆导入污水沉淀池；设置多级废水沉淀八角池，泥浆经过滤后形成低固含量的生产废水；该废水直接按试验掺量用作拌合水，解决了传统泥浆回用堵管，清淤困难等问题；该废水用于场地冲洗、车辆清洗和沉淀池补水等循环利用，实现污水的"零排放"。

图 5.26　改造前废浆分级沉淀系统　　　　图 5.27　改造后废浆分级沉淀系统

3.4.7　废弃硬化混凝土回收利用系统

利用颚式破碎机等设备组成废弃混凝土加工处理系统，将搅拌站试验室产生的混凝土试块或其他来源的废弃硬化混凝土进行破碎、筛分处理，生成再生粗细骨料并用于预拌混凝土生产，实现废弃硬化混凝土的"零排放"。

（a）　　　　　　　　　　　　　　　（b）

图 5.28　废弃混凝土回收利用系统

（a）对废弃硬化混凝土进行破碎；（b）生成的再生粗细骨料

3.4.8　车辆清洗系统

运用全自动光电感应技术和自动节水冲洗技术，利用高压水对搅拌车四周及底盘进行全方位的清洗，强力冲洗掉车辆作业过程中所沾染的泥浆或灰尘，避免车辆出厂后洒落泥浆污染道路，影响市容环境。

3.4.9　监测控制

主要措施如下：引入信息化管理软件，构建一整套网络管理平台监控整个生产工艺过程和运输施工过程，实现远程信息化管控，改善员工工作环境；AUTIS 生产调度系统、不停车排队系统、GPS 车辆调度系统、手机远程视频监控系统、PM 经营结算系统与总部中心数据库联接，实现数据资源共享、优势互补，做到全天候 24 小时不间断的实时监控管理；在公司中心控制室，整个混凝土生产全过程已实现视频在线监控，对扬尘、污水和噪声的关键控制点的画面及数据都有记录，特别是在搅拌机上部加装高清探头和探照灯，在混凝土搅拌过程即开始实现可视化监控，实时监控原材料投放和搅拌过程。

(a)　　　　　　　　　　　　　(b)

图 5.29　改造后车辆清洗系统
(a) 外观设计；(b) 高压水冲洗

图 5.30　实时多屏生产监控及管理平台　　　图 5.31　搅拌机内部监控系统

3.4.10　管理提升

主要措施如下：公司通过建立质量管理体系（ISO9001）、环境管理体系（ISO14000）和职业健康安全管理体系（OHSAS18000）三个认证体系，评价企业管理体系建立、运行和保持的适宜性、充分性和有效性，为企业管理体系业绩改进和全面持续改进提供机会；通过建立质量、环境和职业健康安全管理体系，不断提升对已建立的管理体系的认知程度，为管理运行提供依据；通过体系的有效运行，对企业自身的环境和职业健康安全管理状况作出了客观评价，找到环境问题的所在，找出了管理的方向和重点；对各层次人员进行必要的上岗培训和基础知识培训，规定了各岗位人员任职要求，做到持证上岗。

3.5　改造效果及效益

上海城建物资有限公司通过改造升级，具备绿色生产工艺和设备设施，符合预拌混凝土绿色生产及管理标准要求。搅拌站改造后效果及效益陈述如下：

1. 改造成全封闭式骨料仓，粗细骨料含水率不受天气变化影响，待检和已检骨料分区存放，有利于混凝土质量控制。改造成封闭式骨料传送带及料仓内配备喷淋系统，可有效地控制粉尘含量。改造后总悬浮颗粒物的厂界浓度差值最大限制值 0.143mg/m^3，符合国家相关标准要求。

2. 改造成全封闭式搅拌楼及骨料仓，有效阻止厂区内噪声传播，改造后办公区昼间和夜间噪声敏感建筑物环境噪声限值分别小于 55dB（A）和 45dB（A）。

3. 混凝土搅拌系统采用一台 75kW 电机驱动水平双卧轴搅拌，与传统的两台 55KW 电机分别驱动一根搅拌主轴相比，达到节能 32％效果。

4. 增设砂石分离机、废弃硬化混凝土回收系统、废浆分级沉淀和回收循环系统，生产废水、废浆和废弃混凝土回收利用率 100％。

5. 升级运输车清洗系统，大大减少搅拌车在运输过程中对城市道路及环境的污染。

6. 升级信息化生产监控及办公系统，提高生产管理效率，远离噪声粉尘，优化员工工作环境。

7. 改造后整个厂区布局得到进一步优化，绿化率有所提高，实施生活垃圾分类处理，改善员工工作环境，增强员工环保意识。

8. 搅拌站改造后荣获上海市首批"环保型拌站"称号，并成为杨浦区环保局认定的混凝土搅拌站样板示范单位。

第4章 三易其址而思定，集成创新树标杆

上海城建物资新建混凝土站（楼）绿色生产示范

4.1 上海城建物资新龙华分公司概述

新龙华分公司隶属于上海城建物资有限公司，可生产各种类型的普通混凝土和特种混凝土。该公司成立于1986年，是上海市最早成立的混凝土拌站。新龙华分公司因环保要求不达标，多次受到周边居民投诉，先后经受了三次市政大动迁，频繁搬迁对公司生产及产业化布局产生了巨大影响。为改变传统预拌混凝土生产企业的"高能耗、高污染"社会形象，打造"低污染、全封闭、工厂化"生产模式，创建上海市乃至国内一流的环保型搅拌拌站，新龙华分公司于2009年斥巨资新建预拌混凝土关港生产基地，通过集成化应用国内先进的预拌混凝土绿色生产及管理技术，将关港生产基地打造成了国内预拌混凝土绿色生产行业标杆。近几年来，分公司先后承担上海世博会中国馆、上海南站、恒隆广场、嘉里中心、卢浦大桥、中环线、常州外环高架、轨道交通、隧道、浦江大型居住保障房等重大及标志性工程的混凝土供应任务。

4.2 项目概述

上海城建物资有限公司新龙华分公司位于徐汇区龙吴路2998号，占地面积30亩，东面临近黄浦江，西面为龙吴路，南面是上海轻工纺织公司仓库，北面是建材堆场。公司于2013年9月25日竣工并投入生产，现有两条 $3m^3$ 预拌混凝土生产线，设计年产量80万 m^3，配有专用黄浦江码头，码头岸线长约80m，设码头吊机二台。厂区整体按功能区块划分为5大块，不同区域独立布局，分为：原材料称量区、办公生活区、中心实验室、预拌混凝土生产区和码头装卸区。实时监控系统覆盖原材料运输、储存、上料和投料，以及混凝土搅拌和装卸等环节，保证了整个生产过程的质量控制水平。

作为一家斥巨资新建环保型搅拌站的公司，新龙华分公司在预拌混凝土生产及管理方面具有如下特色：

1. 对上料皮带机和搅拌楼主体进行整体封闭，骨料堆场采用整体封闭式高塔式储料仓，实现原材料不落地存放，辅以自动喷淋系统、布料机和脉冲负压收尘系统，有效抑制砂石骨料、粉料在运输、输送及投送等阶段的粉尘污染。

2. 集成化配置砂石分离系统、废浆分级沉淀和废水回收循环系统，以及废弃混凝土回收利用系统，实现废弃混凝土、废水、废浆的资源化利用，实现"零排放"。

3. 厂区四周设置隔声板，控制噪声传播，对骨料场和拌站楼实行隔声降噪全封闭处理，主要生产设备都选用日本技术、中国台湾进口的低能耗、低噪声的搅拌系统，控制噪

98

声源。

4. 采用节能式搅拌机，拥有两台 3 立方 75kW 高效节能型双卧轴式搅拌机。

5. 从传统搅拌楼生产区内的搅拌机操作室平移进综合办公楼内。通过远程实时监控设备、LED 大屏幕显示屏和搅拌主机操作软件等系统，全面监控整个生产环节，大幅提升混凝土质量控制水平。

4.3 厂址选择和厂区要求

4.3.1 厂址选择

厂区选择突出"绿色环保"的整体发展目标。在选择厂址时，新龙华分公司充分考虑到各种原材料供应、水源、运输成本和运输半径等因素，同时考虑到设备基础安装应避开的各类地下管线或管网。在项目建设过程中，严格履行环保审批程序，在项目选址、规划、设计和建设上做到环保配套建设和主体建设同时设计、同时施工、同时投入使用的环境保护"三同时"。

4.3.2 厂区要求

对厂区进行整体布局，并符合下列规定：

1. 整个厂区按功能划分为办公区、生活区、生产区和试验区等，各功能区域布局相对独立，相互影响较小；

2. 优化厂内路线规划，人行道与运输专用道分开设置，既保证厂内人员安全，又确保运输流畅、连续、便捷及安全，避免过多倒车、错车或让车等现象；

3. 在厂内相应区域设置搅拌站平面布局图、组织机构及负责人公示牌、生产工艺流程牌、管理制度牌、安全生产牌、消防安全路线牌和清洁卫生牌等；

图 5.32　搅拌站场地规划功能分析图

4. 对搅拌站内厂区地面和道路硬化，对未硬化的空地按照花园式标准进行绿色，优先种植具有吸附粉尘污染物作用的植被，采用乔木、灌木和花草高低搭配方式，选择不同树种并确保厂区内四季常青。在已硬化的厂区道路两侧、办公区和实验区等区域设置园林景观或摆放盆景，建设花园式工厂。

图 5.33　办公区

图 5.34　实验区

图 5.35　生产区

图 5.36　生活区

（a）

（b）

图 5.37　厂区绿化

（a）

（b）

图 5.38　办公区绿化

5. 集中降噪和安装隔声装置，将搅拌机、螺旋输送机、空压机等主要噪声产生源设备集中设置于厂区中央，避免噪声源过分分散，便于集中进行综合降噪处理。沿厂界防护墙安装隔声材料的墙板，减少噪声对周边环境的影响。大大提高了职工的职业健康和环境安全。

图 5.39　绿化隔声墙

4.4　设备设施

4.4.1　全封闭式高位骨料仓

利用码头吊机对砂石骨料进行卸料，通过全封闭的上料皮带机输送到全封闭式高位骨料仓内。全程封闭并实现了骨料不落地，有效地减少了噪声和粉尘污染。

高位骨料仓分为上下两层：根据生产需要将上层划分为多个分料仓，用来存放不同品种骨料；下层安装皮带输送机，将生产所需骨料输送到搅拌楼高位分配料仓。其特点是：这种骨料仓设计避免了轮式装载机喂料，降低了铲车的噪声污染、燃油料的消耗和人员职业健康的潜在危害；所有骨料都存储于封闭的上层料仓内，其含水率得到有效控制，有利于提高混凝土质量可控性。

图 5.40　全封闭式高位骨料仓外景　　　图 5.41　黄浦江专用生产码头

图 5.42　全封闭式高位骨料仓内景　　　　图 5.43　全封闭式高位骨料仓内景

4.4.2　除尘系统

1. 全封闭式搅拌主楼。对所有的水泥筒仓、粉料筒仓和外加剂储存桶全都整体式封闭，有效抑制粉尘飞散。

2. 脉冲负压吸尘系统。水泥和粉料筒仓增设加装脉冲负压收尘装置，将收尘后形成的粉料用螺旋输送机送回相应的计量斗内，有效控制粉尘的排放；利用大直径波纹管将搅拌机顶部和负压收尘设备连通，实现生产性粉尘的快速吸附，将收尘后形成的粉料用螺旋输送机送回搅拌机进行二次投料，既解决了扬尘污染，又保证了混凝土配合比的精确计量。

3. 封闭式骨料传送带。利用封闭式骨料传送带，实现粗细骨料上料和传送过程的"封闭"；增设降噪减摩擦滚轮，降低传送过程中产生的噪声；下部设置收料装置，回收传送过程中洒落的粗细骨料。

4. 防尘式粉料检测取样系统。在水泥和粉料筒仓进料口处设置粉料检测取样装置，减少因粉状原材料检测取样而导致飞散扬尘，避免原材料浪费和空气污染。

图 5.44　全封闭式搅拌楼　　　　　　　图 5.45　脉冲负压吸尘系统

图 5.46　封闭式骨料传送带　　　　　　图 5.47　防尘式粉料检测取样系统

4.4.3 生产废水和废浆循环回收系统

选用低碳、节能、低噪声、低排放和高生产效率的生产废水和废浆能循环利用设备；根据搅拌站内地形条件合理设置排水系统，场地四周应设置排水沟；通过管道或排水沟将生产过程中产生的废水、废浆导入污水沉淀池；设置多级废水沉淀八角池，泥浆经过滤后形成低固含量的生产废水；该废水直接按试验掺量用作拌合水，解决了传统泥浆回用堵管，清淤困难等问题；该废水用于场地冲洗、车辆清洗和沉淀池补水等循环利用，实现污水的"零排放"。

图 5.48　砂石分离机系统　　　　　　　图 5.49　多级沉淀池

图 5.50　废浆废水循环回收系统　　　　图 5.51　洗车台

4.4.4 废弃混凝土回收利用系统

利用颚式破碎机等设备组成废弃混凝土加工处理系统，将搅拌站试验室产生的混凝土试块或其他来源的废弃硬化混凝土进行破碎、筛分处理，生成再生粗细骨料并用于预拌混凝土生产，实现废弃硬化混凝土的"零排放"。

图 5.52　废弃混凝土回收利用系统　　　图 5.53　废弃混凝土回收存放点

图 5.54　节能型水平双卧轴搅拌机

4.4.5　节能型搅拌主机

搅拌主机采用一台 75kW 电机驱动节能式、低噪声的双卧轴搅拌机，与传统两台 55kW 电机分别驱动一根搅拌主轴相比，达到节能 32% 效果。

4.4.6　车辆清洗系统

运用全自动光电感应技术和自动节水冲洗技术，利用高压水对搅拌车四周及底盘进行全方位的清洗，强力冲洗掉车辆作业过程中所沾染的泥浆或灰尘，避免车辆出厂后洒落泥浆污染道路，影响市容环境。

图 5.55　车辆清洗系统

4.5　管理提升

主要措施如下：公司通过建立质量管理体系（ISO9001）、环境管理体系（ISO14000）和职业健康安全管理体系（OHSAS18000）三个认证体系，评价企业管理体系建立、运行和保持的适宜性、充分性和有效性，为企业管理体系业绩改进和全面持续改进提供机会；通过建立质量、环境和职业健康安全管理体系，不断提升对已建立的管理体系的认知程度，为管理运行提供依据；通过体系的有效运行，对企业自身的环境和职业健康安全管理状况作出了客观评价，找到环境问题的所在，找出了管理的方向和重点；对各层次人员进行必要的上岗培训和基础知识培训，规定了各岗位人员任职要求，做到持证上岗。

4.6　监测控制

主要措施如下：引入信息化管理软件，构建一整套网络管理平台监控整个生产工艺过程和运输施工过程，实现远程信息化管控，改善员工工作环境；AUTIS 生产调度系统、不停车排队系统、GPS 车辆调度系统、手机远程视频监控系统、PM 经营结算系统与总部中心数据库联接，实现数据资源共享、优势互补，做到全天候 24 小时不间断的实时监控管理；在新龙华分公司的中心控制室，整个混凝土生产全过程已实现视频在线监控，对扬尘、污水和噪声的关键控制点的画面及数据都有记录，特别是在搅拌机上部加装高清探头和探照灯，在混凝土搅拌过程即开始实现可视化监控，实时监控原材料投放和搅拌过程；厂界内设置环境监测设备，实现粉尘与噪声数据的实时在线监测，可以与环保部门作并网连线。

图 5.56　信息化生产调度系统

图 5.57　信息化生产监控系统

图 5.58　投料监控系统

图 5.59　环境监测系统

4.7　实际生产效果和效益

通过集成化应用国内先进的预拌混凝土绿色生产及管理技术，严格进行厂区规划，配置绝色生产设备设施，严格控制噪声和生产性粉尘排放，合理循环利用生产废水、废浆和废弃混凝土，提高控制技术和监测技术水平，完善质量管理制度，成功新建了国内预拌混凝土绿色生产行业标杆，并获得良好的生产效果和综合效益。主要体现在下述几个方面：

1. 增设砂石分离机、废弃混凝土回收系统、废浆分级沉淀和回收循环系统，实现了生产废水、废浆和废弃物零排放，每年节省有关处理费用达 20 万元。

2. 建成全封闭式骨料仓和配备相应除尘系统，改造后厂界总悬浮颗粒物的浓度差值不大于 $0.05mg/m^3$，符合相关标准要求。

3. 厂区内办公区昼间和夜间噪声敏感建筑物环境噪声限值分别小于 55dB（A）和 45dB（A），符合相关标准要求。

4. 混凝土搅拌系统采用一台 75kW 电机驱动水平双卧轴搅拌机，与传统的两台 55kW 电机分别驱动一根搅拌主轴相比，达到节能 32% 效果。

5. 厂区布局科学合理，绿化率较高，建成花园式工厂，大幅改善了员工工作环境。

6. 新建搅拌站成为上海市混凝土环保型搅拌站样板示范单位。

第5章　起步高远，绿色先锋

深圳为海新建混凝土站（楼）绿色生产示范

5.1　深圳为海建材有限公司松岗分公司概述

深圳市为海建材有限公司注册资金 5000 万元，是一家专业生产、销售新型建筑材料、高性能混凝土和环保生产设备的高新技术企业。公司高度重视质量管理和绿色生产，并得到社会的高度认可，先后荣获中国混凝土行业优秀企业、中国混凝土行业绿色生产示范企业、全国混凝土标准化工作十佳企业、广东省预拌混凝土绿色生产搅拌站达标企业等荣誉称号。公司本着"浇筑精品，铸就辉煌"的运营理念，在深圳市承担了龙岗区自行车国际赛场、深圳地铁三号线和五号线、深圳龙岗大运会主场馆、深圳南坪快速干道、深圳华为科研中心大楼、深圳万科四季花城、深圳北站、深圳广电中心等逾千项代表性工程的混凝土供应任务。

松岗分公司隶属于深圳市为海建材有限公司，是为海集团重点建设的环保型搅拌站，公司下设品质部、生产部、销售部、财务部、运输部和行政人事部，拥有员工 100 余人，并拥有由博士、硕士等专业技术人员构成的技术核心团队。公司业务领域覆盖宝安区和光明区等城区。公司是深圳地铁工程预拌混凝土主要供应商之一。目前公司正承担着碧头社区大围旧村改造工程、地铁十一号线和茅州河干流综合整治等工程的混凝土供应任务。

5.2　项目概述

松岗分公司位于宝安区松岗街道碧头第四工业区。该站点所在区域交通便捷，紧邻深圳地铁施工沿线。公司现有两条 ZMO4500/3000L 型的全自动生产线（180m³/h），拥有搅拌运输车辆 40 辆，建有满足相关标准和实际生产要求的专业混凝土试验室。整个厂区内按功能分区，不同区域独立布局，分为办公区、生活区、生产区、试验区等。作为一家新建环保型搅拌站，松岗分公司在预拌混凝土生产及管理方面采用的主要措施如下：

1. 生产区内设置全封闭式骨料仓系统，并安装智能喷淋降尘系统，粉料仓安装脉冲除尘系统，封闭式骨料传送带等环保设施设备起到抑尘降噪的作用；

2. 建立废水、废浆、废渣综合回收利用系统，真正实现废弃物零排放的要求。根据深圳多雨的气候特点，建立雨水回收系统，并配合综合回收利用系统使用，提高水资源的利用率；

3. 建设现代化企业管理制度，通过了质量管理体系认证、环境管理体系认证和职业健康安全体系认证，公司制定并实施了《安全手册》、《管理制度》、《机构职能与岗位职责》、《司机行为手册》等系列规章制度。

5.3 厂址选择和厂区要求

5.3.1 厂址选择

选址宝安区松岗街道碧头第四工业区，远离城市中心和居民居住密集区。站点周边交通便利，供应覆盖范围广，同时考虑到设备基础安装应避开的各类地下管线或管网。

5.3.2 厂区要求

对厂区进行整体布局，并符合下列规定：

1. 整个厂区按功能划分为办公区、生活区、生产区和试验区等，各功能区域布局相对独立，相互影响较小；

2. 优化厂内路线规划，人行道与运输专用道分开设置，既保证厂内人员安全，又确保运输流畅、连续、便捷及安全，避免过多倒车、错车或让车等现象；

3. 在厂内相应区域设置搅拌站平面布局图、组织机构及负责人公示牌、生产工艺流程牌、管理制度牌、安全生产牌、消防安全路线牌和清洁卫生牌等；

图 5.60 搅拌站场地规划效果图

图 5.61 办公区

图 5.62 实验区

图 5.63 生产区

图 5.64 生活区

4. 对搅拌站内厂区地面和道路硬化，对未硬化的空地按照花园式标准进行绿色，优先种植具有吸附粉尘污染物作用的植被，采用乔木、灌木和花草高低搭配方式，选择不同树种并确保厂区内四季常青。在已硬化的厂区道路两侧、办公区和实验区等区域设置园林景观或摆放盆景，建设花园式工厂。

图 5.65 厂界处绿化

图 5.66 办公区绿化

图 5.67 厂区绿化

图 5.68　骨料仓绿化

图 5.69　废旧物资绿化再利用

5.4　设备设施

5.4.1　全封闭式骨料场

骨料场建成全封闭式钢结构，料场顶部及周围须增加采光措施，以增加采光效果，降低能耗；料场内部把原材料分成待检区、已检区，专设作业区和环保区等功能区。

图 5.70　全封闭式骨料仓内景　　　　　图 5.71　骨料仓内分区

5.4.2　除尘系统

1. 喷淋系统。在全封闭式骨料堆场固定位置，设置电控喷淋装置，有效降低生产性粉尘排放。

2. 脉冲系统。在产生生产性粉尘的位置安装除尘装置；粉料储存罐罐顶安装脉冲除尘装置；搅拌机主机增设除尘设施；除尘装置定期保养调试，尤其是滤芯等易损装置应定期更换，保持其正常使用。

3. 封闭式骨料传送带。建成封闭式骨料传送带，实现粗细骨料上料、传送过程的"封闭"；在传送皮带廊下部应配有耐磨性能较好地玻璃钢挡料板，下部设置收料装置，回收传送过程中飞溅出的粗细骨料。

图 5.72　喷淋降尘系统

图 5.73　脉冲除尘系统　　　　　　　图 5.74　封闭式骨料传送带

5.4.3　生产废水和废浆循环回收系统

选用低碳节能、低噪声、低排放和高生产效率的生产废水和废浆能循环利用设备。

1. 废水回收系统

根据搅拌站内地形条件合理设置排水系统，场地四周应设置排水沟，在排水沟终端设三级沉淀池，使固液分离。将冲洗场地和搅拌车等生产区域的废水经处理后循环用于场地冲洗、车辆清洗和喷淋等。

2. 废浆回收系统

废浆主要来自清洗搅拌机和运输车罐内废弃混凝土，以及砂石分离机系统。配备废浆池及均化装置，废浆可部分替代混凝土（砂浆）的拌合用水。

图 5.75　砂石分离机系统

图 5.76　砂石分离系统振击筛

图 5.77　废浆回收池

图 5.78　生活污水回收系统

3. 生活污水回收系统

配备生活污水回收系统，经专门处理后循环用于场地冲洗、车辆清洗和喷淋等。

5.4.4　废弃混凝土回收利用系统

针对搅拌站试验室的废弃混凝土试件，选用颚式破碎机破碎筛分后生产再生骨细骨料，用于中低强度等级混凝土生产，达到废弃物回收利用的目的。

5.4.5　雨水回收系统

根据厂区附近地形地貌因地制宜，在搅拌

图 5.79　废水三级沉淀池

（a）

（b）

图 5.80　废弃混凝土回收系统

(a)

(b)

图 5.81　雨水回收系统

图 5.82　品质检查台

站附件地势较高处建成雨水回收系统或将封闭骨料仓顶雨水收集，用作洗刷搅拌车、冲洗场地、绿化区浇灌及喷淋等用水。

5.4.6　品质检查台

搅拌楼前配有品质检查台，对每车出厂混凝土进行品质监测及运输车出厂前冲洗，防止运输途中混凝土浆料掉落而造成污染。品质检查台下方设置弧形槽，弧长大于运输车车轮直径，弧形槽内注满水，方便清洗运输车车轮，保持厂区清洁、卫生。

5.5　信息化管理系统

配置信息化管理系统，实现无纸化办公，有利于企业规范化、精细化管理；搅拌运输车内嵌 GPS 系统模块，对车辆进行全程、实时跟踪，优化行车路线，提高调度效率，降低能耗。

图 5.83　GPS 系统

5.6 节能设施系统

混凝土运输选用清洁能源车辆，能源利用率高，减少污染。搅拌站照明系统采用LED节能灯，节约能耗。

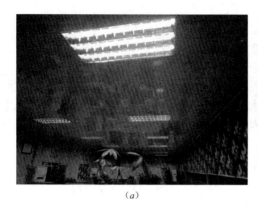

（a）　　　　　　　　　　　　　　（b）

图5.84　LED节能灯

5.7 实际生产效果和效益

集成采用上述绿色生产及管理技术建设的环保型搅拌站，在实际生产获得良好的综合效益，主要体现在下述几个方面：

1. 通过废水、废浆回收系统和废弃混凝土回收系统，实现了"三废"零排放，每年节省有关废水、废浆和废弃混凝土的处理费用达10万元；

2. 建成全封闭式骨料仓和配备相应除尘系统，有效控制了生产性粉尘排放。骨料堆场、计量层和搅拌层的总悬浮颗粒物满足标准要求，厂界的总悬浮颗粒物、可吸入颗粒物和细颗粒物的厂界浓度差值满足标准要求；

3. 厂区内昼间和夜间噪声敏感建筑物环境噪声限值分别小于70dB（A）和55dB（A）；

4. 厂区运输线路经专门规划后，每台运输车能耗每年约降低6千元；

5. 经雨水回收系统收集的雨水用于冲洗场地、冲洗搅拌车和浇灌植被等，每年可节约15吨淡水资源；

6. 厂内各功能区的绿化既提高员工的工作舒适程度，又降低空气中粉尘含量。

第6章 绿色生产范例的试评价

6.1 为海（宿迁）建材有限公司项目

在本指南编写过程中，根据《预拌混凝土绿色生产及管理技术规程》第7章绿色生产评价规定，为海（宿迁）建材有限公司组织专家对搅拌站（楼）进行了试评价，评价结果如下：

1. 依据附录A，绿色生产评价通用要求评价，得分100分；
2. 依据附录B，二星级及以上绿色生产评价专项要求评价，得分30分；
3. 依据附录C，三星级绿色生产评价专项要求，得分30分；
4. 综合评价满足三星级绿色生产等级要求。

具体评价打分见表5.1～表5.3。

绿色生产评价通用要求　　　　　　　　　　表5.1

评价指标	指标类型	分值	评价内容	分值	评价要素	实际打分
厂区要求	控制项	4	道路硬化及其质量	4	道路硬化率达到100%，得2分；硬化道路质量良好、无明显破损，得2分	4
	一般项	6	功能分区	1	厂区内的生产区、办公区和生活区采用分区布置，得1分	1
			未硬化空地的绿化	1	厂区内未硬化空地的绿化率达到80%以上，得1分	1
			绿化面积	1	厂区整体绿化面积达10%以上，得1分	1
			生产废弃物存放处的设置	1	生产区内设置生产废弃物存放处，得0.5分；生产废弃物分类存放、集中处理，得0.5分	1
			整体清洁卫生	2	厂区门前道路、环境按门前三包要求进行管理，并符合要求，得1分；厂区内保持卫生清洁，得1分	2
设备设施	控制项	14	除尘装置	7	粉料筒仓顶部、粉料贮料斗、搅拌机进料口或骨料贮料斗的进料口均安装除尘装置，除尘装置状态和功能完好，运转正常，得7分	7

评价指标	指标类型	分值	评价内容	分值	评价要素	实际打分
设备设施	一般项	36	生产废水、废浆处置系统	7	生产废水、废浆处置系统包括排水沟系统、多级沉淀池系统和管道系统且正常运转，得4分；排水沟系统覆盖连通装车层、骨料堆场和废弃新拌混凝土处置设备设施，并与多级沉淀池连接，得1分。当生产废水和废浆用作混凝土拌合水时，管道系统连通多级沉淀池和搅拌主机，得1分；沉淀池设有均化装置，得1分；当经沉淀或压滤处理的生产废水用于硬化地面降尘、生产设备和运输车辆冲洗时，得2分	7
			监测设备	3	拥有经校准合格的噪声测试仪，得1分；拥有经校准合格的粉尘检测仪，得2分	3
			清洗装置	4	预拌混凝土生产企业配备运输车清洗装置，得2分；搅拌站（楼）的搅拌层和称量层设置水冲洗装置，冲洗废水通过专用管道进入生产废水处置系统，得2分	4
			防喷溅设施	2	搅拌主机卸料口设下料软管等防喷溅设施，得2分	2
			配料地仓、皮带输送机	6	配料地仓与骨料堆场一起封闭，得2分；当采用高塔式骨料仓时，配料地仓单独封闭得2分。骨料用皮带输送机侧面封闭且上部加盖，得4分	6
			废弃新拌混凝土处置设备设施	4	采用砂石分离机时，砂石分离机的状态和功能良好，运行正常，得4分；利用废弃新拌混凝土成型小型预制构件时，小型预制构件成型设备的状态和功能良好，运行正常，得4分；采用其他先进设备设施处理废弃新拌混凝土并实现砂、石、水的循环利用时，得4分	4
			粉料仓标识和料位控制系统	3	水泥、粉煤灰矿粉等粉料仓标识清晰，得1分；粉料仓均配备料位控制系统，得2分	3
			雨水收集系统	2	设有雨水收集系统并有效利用，得2分	2
			骨料堆场或高塔式骨料仓	5	当采用高塔式骨料仓时，得5分。当采用骨料堆场时：地面硬化率100%，并排水通畅，得1分；采用有顶盖无围墙的简易封闭骨料堆场，得2分，噪声和生产性粉尘排放满足本规程5.4节和5.5节要求，得2分；采用有三面以上围墙的封闭式堆场，得3分，噪声和生产性粉尘排放满足本规程5.4节和5.5节要求，得1分；采用有三面以上围墙且安装喷淋抑尘装置的封闭式堆场，得4分	5
			整体封闭的搅拌站（楼）	5	当搅拌站（楼）四周封闭时，得4分，噪声和生产性粉尘排放满足本规程5.4节和5.5节要求，得1分；当搅拌站（楼）四周及顶部同时封闭时，得5分；当搅拌站不封闭并满足本规程第5.4节和第5.5节要求时，得5分	5
			隔声装置	2	搅拌站（楼）临近居民区时，在厂界安装隔声装置，得2分；搅拌站厂界与居民区最近距离大于50m时，不安装隔声装置，得2分	2

评价指标	指标类型	分值	评价内容	分值	评价要素	实际打分
控制要求	控制项	5	废弃物排放	5	不向厂区以外排放生产废水、废浆和废弃混凝土，得5分	5
	一般项	25	环境噪声控制	5	第三方监测的厂界声环境噪声限值符合本规程表5.4.2的规定，得5分	5
			生产性粉尘控制	7	第三方监测的厂界环境空气污染物中的总悬浮颗粒物、可吸入颗粒物和细颗粒物的浓度符合本规程表5.5.2中浓度限值的规定，得4分；厂区无组织排放总悬浮颗粒物的1h平均浓度限值符合本规程第5.5.2条规定，得3分	7
			生产废水利用	3	沉淀或压滤处理的生产废水用作混凝土拌合用水并符合本规程第5.2.3条的规定，得3分；沉淀或压滤处理的生产废水完全循环用于硬化地面降尘、生产设备和运输车辆冲洗时，得3分	3
			废浆处置和利用	2	利用压滤机处置废浆并做无害化处理，且有应用证明，得2分；或者废浆直接用于预拌混凝土生产并符合本规程第5.2.4条的规定，得2分	2
			废弃混凝土利用	2	利用废弃新拌混凝土成型小型预制构件且利用率不低于90%，得1分；或者废弃新拌混凝土经砂石分离机分离生产砂石且砂石利用率不低于90%，得1分；当循环利用硬化混凝土时：由固体废弃物再生利用企业消纳利用并有相关证明材料，得1分；由生产企业自己生产再生骨料和粉料消纳利用，得1分	2
			运输管理	3	采用定位系统监控车辆运行，得1分；运输车达到当地机动车污染物排放标准要求并定期保养，得2分	3
			职业健康安全管理	3	每年度组织不少于一次的全员安全培训，得1分；在生产区内噪声、粉尘污染较重的场所，工作人员佩戴相应的防护器具，得1分；工作人员定期进行体检，得1分	3
监测控制	控制项	5	监测资料	5	具有第三方监测结果报告，得2分；具有完整的生产废水和废浆处置或循环利用记录，得1分；具有完整的除尘、降尘和废水处理等环保设施检查或维护记录，得1分；具有完整的料位控制系统定期检查记录，得1分	5
	一般项	5	生产性粉尘的监测	2	生产性粉尘的监测符合本规程第6.0.4条的规定，监测频率符合本规程表6.0.1的规定，具有监测结果报告，得2分	2

评价 指标	指标 类型	分 值	评价内容	分 值	评价要素	实际 打分
监 测 控 制	一 般 项	5	生产废水和废浆 的监测	2	生产废水和废浆用于制备混凝土时,检测符合本规程 第6.0.2条的规定,监测频率符合本规程表6.0.1的规 定,具有监测结果报告,得2分;生产废水完全循环用 于硬化地面降尘、生产设备和运输车辆冲洗时,不需要 监测,得2分	2
			环境噪声的监测	1	环境噪声的监测符合本规程第6.0.3条的规定,监测 频率符合本规程表6.0.1的规定,具有监测结果报告, 得1分	1
合计						100

二星级及以上绿色生产评价专项要求   表 5.2

评价 指标	指标 类型	分 值	评价内容	分 值	评价要素	实际 打分
控 制 技 术	控 制 项	18	生产废水控制	4	全年的生产废水消纳利用率或循环利用率达到100%, 并有相关证明材料	4
			厂界生产性粉尘控制	5	厂区位于住区、商业交通居民混合区、文化区、工业 区和农村地区时,总悬浮颗粒物、可吸入颗粒物和细颗 粒物的厂界浓度差值最大限制分别为250$\mu g/m^3$、120$\mu g/$ m^3 和55$\mu g/m^3$	5
			厂界噪声控制	3	比本规程5.4节规定的所属声环境昼间噪声限值低 5dB（A）以上,或最大噪声限值55dB（A）	3
	一 般 项	12	废浆和废弃混凝 土控制	4	废浆和废弃混凝土的回收利用率或集中消纳利用率均 达到90%以上	4
			厂区内生产性粉 尘控制	4	厂区内无组织排放总悬浮颗粒物的1h平均浓度限值符 合下列规定:混凝土搅拌站（楼）的计量层和搅拌层不 应大于800$\mu g/m^3$;骨料堆场不应大于600$\mu g/m^3$	4
			厂区内噪声控制	3	厂区内噪声敏感建筑物的环境噪声最大限值（dB （A））符合下列规定:昼间生活区55,办公区60;夜间 生活区45,办公区50	3
			环境管理	4	应符合现行国家标准《环境管理体系要求及使用指南》 GB/T 24001—2004规定	4
			质量管理	3	应符合现行国家标准《质量管理体系要求及使用指南》 GB/T 19001—2008规定	3
合计						30

三星级绿色生产评价专项要求 表 5.3

评价指标	指标类型	分值	评价内容	分值	评价要素	实际打分
控制技术	控制项	18	生产废弃物	6	全年的生产废弃物的消纳利用率或循环利用率达到100%，达到零排放	6
			厂界生产性粉尘控制	6	厂区位于住区、商业交通居民混合区、文化区、工业区和农村地区时，总悬浮颗粒物、可吸入颗粒物和细颗粒物的厂界浓度差值最大限制分别为 $200\mu g/m^3$、$80\mu g/m^3$ 和 $35\mu g/m^3$	6
			厂界噪声控制	6	比本规程 5.4 节规定的所属声环境昼间噪声限值低10dB（A）以上，或最大噪声限值55dB（A）	6
	一般项	12	生产性粉尘控制	5	厂区内无组织排放总悬浮颗粒物的1h平均浓度限值符合下列规定：混凝土搅拌站（楼）的计量层和搅拌层不应大于 $600\mu g/m^3$；骨料堆场不应大于 $400\mu g/m^3$	5
			厂区内噪声控制	5	厂区内噪声敏感建筑物的环境噪声最大限值（dB（A））符合下列规定：昼间办公区 55；夜间办公区 45	5
			职业健康安全管理	2	应符合现行国家标准《职业健康安全管理体系要求》GB/T 28001—2001 规定	2
合计						30

6.2 上海城建物资有限公司军工路分公司

在本指南编写过程中，根据《预拌混凝土绿色生产及管理技术规程》第7章绿色生产评价规定，上海城建物资有限公司军工路分公司组织专家对搅拌站（楼）进行了试评价，评价结果如下：

1. 依据附录 A，绿色生产评价通用要求评价，得分 98 分；
2. 依据附录 B，二星级及以上绿色生产评价专项要求评价，得分 30 分；
3. 依据附录 C，三星级绿色生产评价专项要求，得分 30 分；
4. 综合评价满足三星级绿色生产等级要求。

具体评价打分见表 5.4～表 5.6。

绿色生产评价通用要求 表 5.4

评价指标	指标类型	分值	评价内容	分值	评价要素	实际打分
厂区要求	控制项	4	道路硬化及其质量	4	道路硬化率达到100%，得2分；硬化道路质量良好、无明显破损，得2分	4
	一般项	6	功能分区	1	厂区内的生产区、办公区和生活区采用分区布置，得1分	1

评价指标	指标类型	分值	评价内容	分值	评价要素	实际打分
厂区要求	一般项	6	未硬化空地的绿化	1	厂区内未硬化空地的绿化率达到80%以上，得1分	1
			绿化面积	1	厂区整体绿化面积达10%以上，得1分	1
			生产废弃物存放处的设置	1	生产区内设置生产废弃物存放处，得0.5分；生产废弃物分类存放、集中处理，得0.5分	1
			整体清洁卫生	2	厂区门前道路、环境按门前三包要求进行管理，并符合要求，得1分；厂区内保持卫生清洁，得1分	2
设备设施	控制项	14	除尘装置	7	粉料筒仓顶部、粉料贮料斗、搅拌机进料口或骨料贮料斗的进料口均安装除尘装置，除尘装置状态和功能完好，运转正常，得7分	7
			生产废水、废浆处置系统	7	生产废水、废浆处置系统包括排水沟系统、多级沉淀池系统和管道系统且正常运转，得4分；排水沟系统覆盖连通装车层、骨料堆场和废弃新拌混凝土处置设备设施，并与多级沉淀池连接，得1分。当生产废水和废浆用作混凝土拌合水时，管道系统连通多级沉淀池和搅拌主机，得1分；沉淀池设有均化装置，得1分；当经沉淀或压滤处理的生产废水用于硬化地面降尘、生产设备和运输车辆冲洗时，得2分	7
设备设施	一般项	36	监测设备	3	拥有经校准合格的噪声测试仪，得1分；拥有经校准合格的粉尘检测仪，得2分	3
			清洗装置	4	预拌混凝土生产企业配备运输车清洗装置，得2分；搅拌站（楼）的搅拌层和称量层设置水冲洗装置，冲洗废水通过专用管道进入生产废水处置系统，得2分	4
			防喷溅设施	2	搅拌主机卸料口设下料软管等防喷溅设施，得2分	2
			配料地仓、皮带输送机	6	配料地仓与骨料堆场一起封闭，得2分；当采用高塔式骨料仓时，配料地仓单独封闭得2分。骨料用皮带输送机侧面封闭且上部加盖，得4分	6
			废弃新拌混凝土置设备设施	4	采用砂石分离机时，砂石分离机的状态和功能良好，运行正常，得4分；利用废弃新拌混凝土成型小型预制构件时，小型预制构件成型设备的状态和功能良好，运行正常，得4分；采用其他先进设备设施处理废弃新拌混凝土并实现砂、石、水的循环利用时，得4分	4
			粉料仓标识和料位控制系统	3	水泥、粉煤灰矿粉等粉料仓标识清晰，得1分；粉料仓均配备料位控制系统，得2分	3
			雨水收集系统	2	设有雨水收集系统并有效利用，得2分	2
			骨料堆场或高塔式骨料仓	5	当采用高塔式骨料仓时，得5分。当采用骨料堆场时：地面硬化率100%，并排水通畅，得1分；采用有顶盖无围墙的简易封闭骨料堆场，得2分，噪声和生产性粉尘排放满足本规程5.4节和5.5节要求，得2分；采用有三面以上围墙的封闭式堆场，得3分，噪声和生产性粉尘排放满足本规程5.4节和5.5节要求，得1分；采用有三面以上围墙且安装喷淋抑尘装置的封闭式堆场，得4分	5

评价指标	指标类型	分值	评价内容	分值	评价要素	实际打分
设备设施	一般项	36	整体封闭的搅拌站（楼）	5	当搅拌站（楼）四周封闭时，得4分，噪声和生产性粉尘排放满足本规程5.4节和5.5节要求，得1分；当搅拌站（楼）四周及顶部同时封闭时，得5分；当搅拌站不封闭并满足本规程第5.4节和第5.5节要求时，得5分	5
			隔声装置	2	搅拌站（楼）临近居民区时，在厂界安装隔声装置，得2分；搅拌站厂界与居民区最近距离大于50m时，不安装隔声装置，得2分	2
控制要求	控制项	5	废弃物排放	5	不向厂区以外排放生产废水、废浆和废弃混凝土，得5分	5
	一般项	25	环境噪声控制	5	第三方监测的厂界声环境噪声限值符合本规程表5.4.2的规定，得5分	5
			生产性粉尘控制	7	第三方监测的厂界环境空气污染物中的总悬浮颗粒物、可吸入颗粒物和细颗粒物的浓度符合本规程表5.5.2中浓度限值的规定，得4分；厂区无组织排放总悬浮颗粒物的1h平均浓度限值符合本规程第5.5.2条规定，得3分	7
	一般项	25	生产废水利用	3	沉淀或压滤处理的生产废水用作混凝土拌合用水并符合本规程第5.2.3条的规定，得3分；沉淀或压滤处理的生产废水完全循环用于硬化地面降尘、生产设备和运输车辆冲洗时，得3分	3
			废浆处置和利用	2	利用压滤机处置废浆并做无害化处理，具有应用证明，得2分；或者废浆直接用于预拌混凝土生产并符合本规程第5.2.4条的规定，得2分	0
			废弃混凝土利用	2	利用废弃新拌混凝土成型小型预制构件且利用率不低于90%，得1分；或者废弃新拌混凝土经砂石分离机分离生产砂石且砂石利用率不低于90%，得1分；当循环利用硬化混凝土时：由固体废弃物再生利用企业消纳利用并有相关证明材料，得1分；由生产企业自己生产再生骨料和粉料消纳利用，得1分	2
			运输管理	3	采用定位系统监控车辆运行，得1分；运输车达到当地机动车污染物排放标准要求并定期保养，得2分	3
			职业健康安全管理	3	每年度组织不少于一次的全员安全培训，得1分；在生产区内噪声、粉尘污染较重的场所，工作人员佩戴相应的防护器具，得1分；工作人员定期进行体检，得1分	3
监测控制	控制项	5	监测资料	5	具有第三方监测结果报告，得2分；具有完整的生产废水和废浆处置或循环利用记录，得1分；具有完整的除尘、降噪和废水处理等环保设施检查或维护记录，得1分；具有完整的料位控制系统定期检查记录，得1分	5

评价指标	指标类型	分值	评价内容	分值	评价要素	实际打分
监测控制	一般项	5	生产性粉尘的监测	2	生产性粉尘的监测符合本规程第6.0.4条的规定，监测频率符合本规程表6.0.1的规定，具有监测结果报告，得2分	2
			生产废水和废浆的监测	2	生产废水和废浆用于制备混凝土时，检测符合本规程第6.0.2条的规定，监测频率符合本规程表6.0.1的规定，具有监测结果报告，得2分；生产废水完全循环用于硬化地面降尘、生产设备和运输车辆冲洗时，不需要监测，得2分	2
			环境噪声的监测	1	环境噪声的监测符合本规程第6.0.3条的规定，监测频率符合本规程表6.0.1的规定，具有监测结果报告，得1分	1
合计						98

二星级及以上绿色生产评价专项要求　　　　　　表 5.5

评价指标	指标类型	分值	评价内容	分值	评价要素	实际打分
控制技术	控制项	18	生产废水控制	4	全年的生产废水消纳利用率或循环利用率达到100%，并有相关证明材料	4
			厂界生产性粉尘控制	5	厂区位于住区、商业交通居民混合区、文化区、工业区和农村地区时，总悬浮颗粒物、可吸入颗粒物和细颗粒物的厂界浓度差值最大限制分别为 $250\mu g/m^3$、$120\mu g/m^3$ 和 $55\mu g/m^3$	5
			厂界噪声控制	3	比本规程5.4节规定的所属声环境昼间噪声限值低5dB（A）以上，或最大噪声限值55dB（A）	3
	一般项	12	废浆和废弃混凝土控制	4	废浆和废弃混凝土的回收利用率或集中消纳利用率均达到90%以上	4
			厂区内生产性粉尘控制	4	厂区内无组织排放总悬浮颗粒物的1h平均浓度限值符合下列规定：混凝土搅拌站（楼）的计量层和搅拌层不应大于 $800\mu g/m^3$；骨料堆场不应大于 $600\mu g/m^3$	4
			厂区内噪声控制	3	厂区内噪声敏感建筑物的环境噪声最大限值（dB（A））符合下列规定：昼间生活区55，办公区60；夜间生活区45，办公区50	3
			环境管理	4	应符合现行国家标准《环境管理体系要求及使用指南》GB/T 24001—2004规定	4
			质量管理	3	应符合现行国家标准《质量管理体系要求及使用指南》GB/T 19001—2008规定	3
合计						30

评价指标	指标类型	分值	评价内容	分值	评价要素	实际打分
控制技术	控制项	18	生产废弃物	6	全年的生产废弃物的消纳利用率或循环利用率达到100%，达到零排放	6
			厂界生产性粉尘控制	6	厂区位于住区、商业交通居民混合区、文化区、工业区和农村地区时，总悬浮颗粒物、可吸入颗粒物和细颗粒物的厂界浓度差值最大限制分别为 $200\mu g/m^3$、$80\mu g/m^3$ 和 $35\mu g/m^3$	6
			厂界噪声控制	6	比本规程 5.4 节规定的所属声环境昼间噪声限值低10dB（A）以上，或最大噪声限值 55dB（A）	6
	一般项	12	生产性粉尘控制	5	厂区内无组织排放总悬浮颗粒物的 1h 平均浓度限值符合下列规定：混凝土搅拌站（楼）的计量层和搅拌层不应大于 $600\mu g/m^3$；骨料堆场不应大于 $400\mu g/m^3$；得 6 分	5
			厂区内噪声控制	5	厂区内噪声敏感建筑物的环境噪声最大限值（dB（A））符合下列规定：昼间办公区 55；夜间办公区 45	5
			职业健康安全管理	2	应符合现行国家标准《职业健康安全管理体系要求》GB/T 28001—2011 规定	2
合计						30

6.3 上海城建物资有限公司新龙华分公司

在本指南编写过程中，根据《预拌混凝土绿色生产及管理技术规程》第 7 章绿色生产评价规定，上海城建物资有限公司新龙华分公司组织专家对搅拌站（楼）进行了试评价，评价结果如下：

1. 依据附录 A，绿色生产评价通用要求评价，得分 100 分；
2. 依据附录 B，二星级及以上绿色生产评价专项要求评价，得分 30 分；
3. 依据附录 C，三星级绿色生产评价专项要求，得分 30 分；
4. 综合评价满足三星级绿色生产等级要求。

具体评价打分见表 5.7～表 5.9。

绿色生产评价通用要求　　　　　　　　　　　　　　　　表 5.7

评价指标	指标类型	分值	评价内容	分值	评价要素	实际打分
厂区要求	控制项	4	道路硬化及其质量	4	道路硬化率达到 100%，得 2 分；硬化道路质量良好、无明显破损，得 2 分	4
	一般项	6	功能分区	1	厂区内的生产区、办公区和生活区采用分区布置，得 1 分	1
			未硬化空地的绿化	1	厂区内未硬化空地的绿化率达到 80% 以上，得 1 分	1
			绿化面积	1	厂区整体绿化面积达 10% 以上，得 1 分	1

评价指标	指标类型	分值	评价内容	分值	评价要素	实际打分
厂区要求	一般项	6	生产废弃物存放处的设置	1	生产区内设置生产废弃物存放处，得 0.5 分；生产废弃物分类存放、集中处理，得 0.5 分	1
			整体清洁卫生	2	厂区门前道路、环境按门前三包要求进行管理，并符合要求，得 1 分；厂区内保持卫生清洁，得 1 分	2
设备设施	控制项	14	除尘装置	7	粉料筒仓顶部、粉料贮料斗、搅拌机进料口或骨料贮料斗的进料口均安装除尘装置，除尘装置状态和功能完好，运转正常，得 7 分	7
			生产废水、废浆处置系统	7	生产废水、废浆处置系统包括排水沟系统、多级沉淀池系统和管道系统且正常运转，得 4 分；排水沟系统覆盖连通装车层、骨料堆场和废弃新拌混凝土处置设备设施，并与多级沉淀池连接，得 1 分。当生产废水和废浆用作混凝土拌合水时，管道系统连通多级沉淀池和搅拌主机，得 1 分；沉淀池设有均化装置，得 1 分；当经沉淀或压滤处理的生产废水用于硬化地面降尘、生产设备和运输车辆冲洗时，得 2 分	7
设备设施	一般项	36	监测设备	3	拥有经校准合格的噪声测试仪，得 1 分；拥有经校准合格的粉尘检测仪，得 2 分	3
			清洗装置	4	预拌混凝土生产企业配备运输车清洗装置，得 2 分；搅拌站（楼）的搅拌层和称量层设置水冲洗装置，冲洗废水通过专用管道进入生产废水处置系统，得 2 分	4
			防喷溅设施	2	搅拌主机卸料口设下料软管等防喷溅设施，得 2 分	2
			配料地仓、皮带输送机	6	配料地仓与骨料堆场一起封闭，得 2 分；当采用高塔式骨料仓时，配料地仓单独封闭得 2 分。骨料用皮带输送机侧面封闭且上部加盖，得 4 分	6
			废弃新拌混凝土处置设备设施	4	采用砂石分离机时，砂石分离机的状态和功能良好，运行正常，得 4 分；利用废弃新拌混凝土成型小型预制构件时，小型预制构件成型设备的状态和功能良好，运行正常，得 4 分；采用其他先进设备设施处理废弃新拌混凝土并实现砂、石、水的循环利用时，得 4 分	4
			粉料仓标识和料位控制系统	3	水泥、粉煤灰矿粉等粉料仓标识清晰，得 1 分；粉料仓均配备料位控制系统，得 2 分	3
			雨水收集系统	2	设有雨水收集系统并有效利用，得 2 分	2
			骨料堆场或高塔式骨料仓	5	当采用高塔式骨料仓时，得 5 分。当采用骨料堆场时：地面硬化率 100%，并排水通畅，得 1 分；采用有顶盖无围墙的简易封闭骨料堆场，得 2 分，噪声和生产性粉尘排放满足本规程 5.4 节和 5.5 节要求，得 2 分；采用有三面以上围墙的封闭式堆场，得 3 分，噪声和生产性粉尘排放满足本规程 5.4 节和 5.5 节要求，得 1 分；采用有三面以上围墙且安装喷淋抑尘装置的封闭式堆场，得 4 分	5

评价指标	指标类型	分值	评价内容	分值	评价要素	实际打分
设备设施	一般项	36	整体封闭的搅拌站（楼）	5	当搅拌站（楼）四周封闭时，得4分，噪声和生产性粉尘排放满足本规程5.4节和5.5节要求时，得1分；当搅拌站（楼）四周及顶部同时封闭时，得5分；当搅拌站不封闭并满足本规程第5.4节和第5.5要求时，得5分	5
			隔声装置	2	搅拌站（楼）临近居民区时，在厂界安装隔声装置，得2分；搅拌站厂界与居民区最近距离大于50m时，不安装隔声装置，得2分	2
控制要求	控制项	5	废弃物排放	5	不向厂区以外排放生产废水、废浆和废弃混凝土，得5分	5
	一般项	25	环境噪声控制	5	第三方监测的厂界声环境噪声限值符合本规程表5.4.2的规定，得5分	5
			生产性粉尘控制	7	第三方监测的厂界环境空气污染物中的总悬浮颗粒物、可吸入颗粒物和细颗粒物的浓度符合本规程表5.5.2中浓度限值的规定，得4分；厂区无组织排放总悬浮颗粒物的1h平均浓度限值符合本规程第5.5.2条规定，得3分	7
			生产废水利用	3	沉淀或压滤处理的生产废水用作混凝土拌合用水并符合本规程第5.2.3条的规定，得3分；沉淀或压滤处理的生产废水完全循环用于硬化地面降尘、生产设备和运输车辆冲洗时，得3分	3
			废浆处置和利用	2	利用压滤机处置废浆并做无害化处理，且有应用证明，得2分；或者废浆直接用于预拌混凝土生产并符合本规程第5.2.4条的规定，得2分	2
			废弃混凝土利用	2	利用废弃新拌混凝土成型小型预制构件且利用率不低于90%，得1分；或者废弃新拌混凝土经砂石分离机分离生产砂石且砂石利用率不低于90%，得1分；当循环利用硬化混凝土时：由固体废弃物再生利用企业消纳利用并有相关证明材料，得1分；由生产企业自己生产再生骨料和粉料消纳利用，得1分	2
			运输管理	3	采用定位系统监控车辆运行，得1分；运输车达到当地机动车污染物排放标准要求并定期保养，得2分	3
			职业健康安全管理	3	每年度组织不少于一次的全员安全培训，得1分；在生产区内噪声、粉尘污染较重的场所，工作人员佩戴相应的防护器具，得1分；工作人员定期进行体检，得1分	3
监测控制	控制项	5	监测资料	5	具有第三方监测结果报告，得2分；具有完整的生产废水和废浆处置或循环利用记录，得1分；具有完整的除尘、降噪和废水处理等环保设施检查或维护记录，得1分；具有完整的料位控制系统定期检查记录，得1分	5

评价指标	指标类型	分值	评价内容	分值	评价要素	实际打分
监测控制	一般项	5	生产性粉尘的监测	2	生产性粉尘的监测符合本规程第6.0.4条的规定，监测频率符合本规程表6.0.1的规定，具有监测结果报告，得2分	2
			生产废水和废浆的监测	2	生产废水和废浆用于制备混凝土时，检测符合本规程第6.0.2条的规定，监测频率符合本规程表6.0.1的规定，具有监测结果报告，得2分；生产废水完全循环用于硬化地面降尘、生产设备和运输车辆冲洗时，不需要监测，得2分	2
			环境噪声的监测	1	环境噪声的监测符合本规程第6.0.3条的规定，监测频率符合本规程表6.0.1的规定，具有监测结果报告，得1分	1
合计						100

二星级及以上绿色生产评价专项要求   表5.8

评价指标	指标类型	分值	评价内容	分值	评价要素	实际打分
控制技术	控制项	18	生产废水控制	4	全年的生产废水消纳利用率或循环利用率达到100%，并有相关证明材料	4
			厂界生产性粉尘控制	5	厂区位于住区、商业交通居民混合区、文化区、工业区和农村地区时，总悬浮颗粒物、可吸入颗粒物和细颗粒物的厂界浓度差值最大限制分别为250$\mu g/m^3$、120$\mu g/m^3$和55$\mu g/m^3$	5
			厂界噪声控制	3	比本规程5.4节规定的所属声环境昼间噪声限值低5dB（A）以上，或最大噪声限值55dB（A）	3
	一般项	12	废浆和废弃混凝土控制	4	废浆和废弃混凝土的回收利用率或集中消纳利用率均达到90%以上	4
			厂区内生产性粉尘控制	4	厂区内无组织排放总悬浮颗粒物的1h平均浓度限值符合下列规定：混凝土搅拌站（楼）的计量层和搅拌层不应大于800$\mu g/m^3$；骨料堆场不应大于600$\mu g/m^3$	4
			厂区内噪声控制	3	厂区内噪声敏感建筑物的环境噪声最大限值（dB（A））符合下列规定：昼间生活区55，办公区60；夜间生活区45，办公区50	3
			环境管理	4	应符合现行国家标准《环境管理体系要求及使用指南》GB/T 24001—2004规定	4
			质量管理	3	应符合现行国家标准《质量管理体系要求及使用指南》GB/T 19001—2008规定	3
合计						30

三星级绿色生产评价专项要求　　　　　　　　　　　　　　　表 5.9

评价指标	指标类型	分值	评价内容	分值	评价要素	实际打分
控制技术	控制项	18	生产废弃物	6	全年的生产废弃物的消纳利用率或循环利用率达到 100%，达到零排放	6
			厂界生产性粉尘控制	6	厂区位于住区、商业交通居民混合区、文化区、工业区和农村地区时，总悬浮颗粒物、可吸入颗粒物和细颗粒物的厂界浓度差值最大限制分别为 $200\mu g/m^3$、$80\mu g/m^3$ 和 $35\mu g/m^3$	6
			厂界噪声控制	6	比本规程 5.4 节规定的所属声环境昼间噪声限值低 10dB（A）以上，或最大噪声限值 55dB（A）	6
	一般项	12	生产性粉尘控制	5	厂区内无组织排放总悬浮颗粒物的 1h 平均浓度限值符合下列规定：混凝土搅拌站（楼）的计量层和搅拌层不应大于 $600\mu g/m^3$；骨料堆场不应大于 $400\mu g/m^3$；得 6 分	5
			厂区内噪声控制	5	厂区内噪声敏感建筑物的环境噪声最大限值（dB（A））符合下列规定：昼间办公区 55；夜间办公区 45	5
			职业健康安全管理	2	应符合现行国家标准《职业健康安全管理体系要求》GB/T 28001—2011 规定	2
合计						30

6.4　深圳市为海建材有限公司松岗分公司

在本指南编写过程中，根据《预拌混凝土绿色生产及管理技术规程》第 7 章绿色生产评价规定，深圳市为海建材有限公司松岗分公司组织专家对搅拌站（楼）进行了试评价，评价结果如下：

1. 依据附录 A，绿色生产评价通用要求评价，得分 100 分；
2. 依据附录 B，二星级及以上绿色生产评价专项要求评价，得分 30 分；
3. 依据附录 C，三星级绿色生产评价专项要求，得分 30 分；
4. 综合评价满足三星级绿色生产等级要求。

具体评价打分见表 5.10～表 5.12。

绿色生产评价通用要求　　　　　　　　　　　　　　　　表 5.10

评价指标	指标类型	分值	评价内容	分值	评价要素	实际打分
厂区要求	控制项	4	道路硬化及其质量	4	道路硬化率达到 100%，得 2 分；硬化道路质量良好、无明显破损，得 2 分	4
	一般项	6	功能分区	1	厂区内的生产区、办公区和生活区采用分区布置，得 1 分	1
			未硬化空地的绿化	1	厂区内未硬化空地的绿化率达到 80% 以上，得 1 分	1
			绿化面积	1	厂区整体绿化面积达 10% 以上，得 1 分	1

评价指标	指标类型	分值	评价内容	分值	评价要素	实际打分
厂区要求	一般项	6	生产废弃物存放处的设置	1	生产区内设置生产废弃物存放处，得0.5分；生产废弃物分类存放、集中处理，得0.5分	1
			整体清洁卫生	2	厂区门前道路、环境按门前三包要求进行管理，并符合要求，得1分；厂区内保持卫生清洁，得1分	2
设备设施	控制项	14	除尘装置	7	粉料筒仓顶部、粉料贮料斗、搅拌机进料口或骨料贮料斗的进料口均安装除尘装置，除尘装置状态和功能完好，运转正常，得7分	7
			生产废水、废浆处置系统	7	生产废水、废浆处置系统包括排水沟系统、多级沉淀池系统和管道系统且正常运转，得4分；排水沟系统覆盖连通装车层、骨料堆场和废弃新拌混凝土处置设备设施，并与多级沉淀池连接，得1分。当生产废水和废浆用作混凝土拌合水时，管道系统连通多级沉淀池和搅拌主机，得1分；沉淀池设有均化装置，得1分；当经沉淀或压滤处理的生产废水用于硬化地面降尘、生产设备和运输车辆冲洗时，得2分	7
	一般项	36	监测设备	3	拥有经校准合格的噪声测试仪，得1分；拥有经校准合格的粉尘检测仪，得2分	3
			清洗装置	4	预拌混凝土生产企业配备运输车清洗装置，得2分；搅拌站（楼）的搅拌层和称量层设置水冲洗装置，冲洗废水通过专用管道进入生产废水处置系统，得2分	4
			防喷溅设施	2	搅拌主机卸料口设下料软管等防喷溅设施，得2分	2
			配料地仓、皮带输送机	6	配料地仓与骨料堆场一起封闭，得2分；当采用高塔式骨料仓时，配料地仓单独封闭得2分。骨料用皮带输送机侧面封闭且上部加盖，得4分	6
			废弃新拌混凝土处置设备设施	4	采用砂石分离机时，砂石分离机的状态和功能良好，运行正常，得4分；利用废弃新拌混凝土成型小型预制构件时，小型预制构件成型设备的状态和功能良好，运行正常，得4分；采用其他先进设备设施处理废弃新拌混凝土并实现砂、石、水的循环利用时，得4分	4
			粉料仓标识和料位控制系统	3	水泥、粉煤灰矿粉等粉料仓标识清晰，得1分；粉料仓均配备料位控制系统，得2分	3
			雨水收集系统	2	设有雨水收集系统并有效利用，得2分	2
			骨料堆场或高塔式骨料仓	5	当采用高塔式骨料仓时，得5分。当采用骨料堆场时：地面硬化率100%，并排水通畅，得1分；采用有顶盖无围墙的简易封闭骨料堆场，得2分，噪声和生产性粉尘排放满足本规程5.4节和5.5要求，得2分；采用有三面以上围墙的封闭式堆场，得3分，噪声和生产性粉尘排放满足本规程5.4节和5.5要求，得1分；采用有三面以上围墙且安装喷淋抑尘装置的封闭式堆场，得4分	5
			整体封闭的搅拌站（楼）	5	当搅拌站（楼）四周封闭时，得4分，噪声和生产性粉尘排放满足本规程5.4节和5.5节要求，得1分；当搅拌站（楼）四周及顶部同时封闭时，得5分；当搅拌站不封闭并满足本规程第5.4节和第5.5节要求时，得5分	5

评价指标	指标类型	分值	评价内容	分值	评价要素	实际打分
设备设施	一般项	36	隔声装置	2	搅拌站（楼）临近居民区时，在厂界安装隔声装置，得2分；搅拌站厂界与居民区最近距离大于50m时，不安装隔声装置，得2分	2
控制要求	控制项	5	废弃物排放	5	不向厂区以外排放生产废水、废浆和废弃混凝土，得5分	5
	一般项	25	环境噪声控制	5	第三方监测的厂界声环境噪声限值符合本规程表5.4.2的规定，得5分	5
			生产性粉尘控制	7	第三方监测的厂界环境空气污染物中的总悬浮颗粒物、可吸入颗粒物和细颗粒物的浓度符合本规程表5.5.2中浓度限值的规定，得4分；厂区无组织排放总悬浮颗粒物的1h平均浓度限值符合本规程第5.5.2条规定，得3分	7
			生产废水利用	3	沉淀或压滤处理的生产废水用作混凝土拌合用水并符合本规程第5.2.3条的规定，得3分；沉淀或压滤处理的生产废水完全循环用于硬化地面降尘、生产设备和运输车辆冲洗时，得3分	3
			废浆处置和利用	2	利用压滤机处置废浆并做无害化处理，且有应用证明，得2分；或者废浆直接用于预拌混凝土生产并符合本规程第5.2.4条的规定，得2分	2
			废弃混凝土利用	2	利用废弃新拌混凝土成型小型预制构件且利用率不低于90%，得1分；或者废弃新拌混凝土经砂石分离机分离生产砂石且砂石利用率不低于90%，得1分；当循环利用硬化混凝土时：由固体废弃物再生利用企业消纳利用并有相关证明材料，得1分；由生产企业自己生产再生骨料和粉料消纳利用，得1分	2
			运输管理	3	采用定位系统监控车辆运行，得1分；运输车达到当地机动车污染物排放标准要求并定期保养，得2分	3
			职业健康安全管理	3	每年度组织不少于一次的全员安全培训，得1分；在生产区内噪声、粉尘污染较重的场所，工作人员佩戴相应的防护器具，得1分；工作人员定期进行体检，得1分	3
监测控制	控制项	5	监测资料	5	具有第三方监测结果报告，得2分；具有完整的生产废水和废浆处置或循环利用记录，得1分；具有完整的除尘、降噪和废水处理等环保设施检查或维护记录，得1分；具有完整的料位控制系统定期检查记录，得1分	5
	一般项	5	生产性粉尘的监测	2	生产性粉尘的监测符合本规程第6.0.4条的规定，监测频率符合本规程表6.0.1的规定，具有监测结果报告，得2分	2

评价指标	指标类型	分值	评价内容	分值	评价要素	实际打分
监测控制	一般项	5	生产废水和废浆的监测	2	生产废水和废浆用于制备混凝土时，检测符合本规程第6.0.2条的规定，监测频率符合本规程表6.0.1的规定，具有监测结果报告，得2分；生产废水完全循环利用于硬化地面降尘、生产设备和运输车辆冲洗时，不需要监测，得2分	2
			环境噪声的监测	1	环境噪声的监测符合本规程第6.0.3条的规定，监测频率符合本规程表6.0.1的规定，具有监测结果报告，得1分	1
合计						30

二星级及以上绿色生产评价专项要求 表 5.11

评价指标	指标类型	分值	评价内容	分值	评价要素	实际打分
控制技术	控制项	18	生产废水控制	4	全年的生产废水消纳利用率或循环利用率达到100%，并有相关证明材料	4
			厂界生产性粉尘控制	5	厂区位于住区、商业交通居民混合区、文化区、工业区和农村地区时，总悬浮颗粒物、可吸入颗粒物和细颗粒物的厂界浓度差值最大限制分别为$250\mu g/m^3$、$120\mu g/m^3$和$55\mu g/m^3$	5
			厂界噪声控制	3	比本规程5.4节规定的所属声环境昼间噪声限值低5dB（A）以上，或最大噪声限值55dB（A）	3
	一般项	12	废浆和废弃混凝土控制	4	废浆和废弃混凝土的回收利用率或集中消纳利用率均达到90%以上	4
			厂区内生产性粉尘控制	4	厂区内无组织排放总悬浮颗粒物的1h平均浓度限值符合下列规定：混凝土搅拌站（楼）的计量层和搅拌层不应大于$800\mu g/m^3$；骨料堆场不应大于$600\mu g/m^3$	4
			厂区内噪声控制	3	厂区内噪声敏感建筑物的环境噪声最大限值（dB（A））符合下列规定：昼间生活区55，办公区60；夜间生活区45，办公区50	3
			环境管理	4	应符合现行国家标准《环境管理体系要求及使用指南》GB/T 24001—2004规定	4
			质量管理	3	应符合现行国家标准《质量管理体系要求及使用指南》GB/T 19001—2008规定	3
合计						30

评价指标	指标类型	分值	评价内容	分值	评价要素	实际打分
控制技术	控制项	18	生产废弃物	6	全年的生产废弃物的消纳利用率或循环利用率达到100%，达到零排放	6
			厂界生产性粉尘控制	6	厂区位于住区、商业交通居民混合区、文化区、工业区和农村地区时，总悬浮颗粒物、可吸入颗粒物和细颗粒物的厂界浓度差值最大限制分别为 $200\mu g/m^3$、$80\mu g/m^3$ 和 $35\mu g/m^3$	6
			厂界噪声控制	6	比本规程5.4节规定的所属声环境昼间噪声限值低10dB（A）以上，或最大噪声限值55dB（A）	6
	一般项	12	生产性粉尘控制	5	厂区内无组织排放总悬浮颗粒物的1h平均浓度限值符合下列规定：混凝土搅拌站（楼）的计量层和搅拌层不应大于 $600\mu g/m^3$；骨料堆场不应大于 $400\mu g/m^3$；得5分 5	5
			厂区内噪声控制	5	厂区内噪声敏感建筑物的环境噪声最大限值（dB（A））符合下列规定：昼间办公区55；夜间办公区45	5
			职业健康安全管理	2	应符合现行国家标准《职业健康安全管理体系要求》GB/T 28001—2011规定	2
合计						30

本篇主要起草人：杨根宏、徐亚玲、宋晓明、倪雪峰

附件1 《国务院关于化解产能严重过剩矛盾的指导意见》

国务院关于化解产能严重过剩矛盾的指导意见

国发〔2013〕41号

各省、自治区、直辖市人民政府，国务院各部委、各直属机构：

化解产能严重过剩矛盾是当前和今后一个时期推进产业结构调整的工作重点。为积极有效地化解钢铁、水泥、电解铝、平板玻璃、船舶等行业产能严重过剩矛盾，同时指导其他产能过剩行业化解工作，特制定本意见。

一、充分认识化解产能严重过剩矛盾的重要性和紧迫性

在市场经济条件下，供给适度大于需求是市场竞争机制发挥作用的前提，有利于调节供需，促进技术进步与管理创新。但产品生产能力严重超过有效需求时，将会造成社会资源巨大浪费，降低资源配置效率，阻碍产业结构升级。

受国际金融危机的深层次影响，国际市场持续低迷，国内需求增速趋缓，我国部分产业供过于求矛盾日益凸显，传统制造业产能普遍过剩，特别是钢铁、水泥、电解铝等高消耗、高排放行业尤为突出。2012年底，我国钢铁、水泥、电解铝、平板玻璃、船舶产能利用率分别仅为72％、73.7％、71.9％、73.1％和75％，明显低于国际通常水平。钢铁、电解铝、船舶等行业利润大幅下滑，企业普遍经营困难。值得关注的是，这些产能严重过剩行业仍有一批在建、拟建项目，产能过剩呈加剧之势。如不及时采取措施加以化解，势必会加剧市场恶性竞争，造成行业亏损面扩大、企业职工失业、银行不良资产增加、能源资源瓶颈加剧、生态环境恶化等问题，直接危及产业健康发展，甚至影响到民生改善和社会稳定大局。

当前，我国出现产能严重过剩主要受发展阶段、发展理念和体制机制等多种因素的影响。在加快推进工业化、城镇化的发展阶段，市场需求快速增长，一些企业对市场预期过于乐观，盲目投资，加剧了产能扩张；部分行业发展方式粗放，创新能力不强，产业集中度低，没有形成由优强企业主导的产业发展格局，导致行业无序竞争、重复建设严重；一些地方过于追求发展速度，过分倚重投资拉动，通过廉价供地、税收减免、低价配置资源等方式招商引资，助推了重复投资和产能扩张；与此同时，资源要素市场化改革滞后，政策、规划、标准、环保等引导和约束不强，投资体制和管理方式不完善，监督检查和责任追究不到位，导致生产要素价格扭曲，公平竞争的市场环境不健全，市场机制作用未能有效发挥，落后产能退出渠道不畅，产能过剩矛盾不断加剧。

产能严重过剩越来越成为我国经济运行中的突出矛盾和诸多问题的根源。企业经营困难、财政收入下降、金融风险积累等，都与产能严重过剩密切相联。化解产能严重过剩矛盾必然带来阵痛，有的行业甚至会伤筋动骨，但从全局和长远来看，遏制矛盾进一步加剧，引导好投资方向，对加快产业结构调整，促进产业转型升级，防范系统性金融风险，保持国民经济持续健康发展意义重大。因此，要坚决控制增量、优化存量，深化体制改革和机制创新，加快建立和完善以市场为主导的化解产能严重过剩矛盾长效机制。这是一项复杂的系统工程，任务十分艰巨，要精心谋划、总体部署、统筹安排，积极稳妥加以推进。

二、总体要求、基本原则和主要目标

（一）总体要求

全面贯彻落实党的十八大精神，以邓小平理论、"三个代表"重要思想、科学发展观为指导，坚持以转变发展方式为主线，把化解产能严重过剩矛盾作为产业结构调整的重点，按照尊重规律、分业施策、多管齐下、标本兼治的总原则，立足当前，着眼长远，着力加强宏观调控和市场监管，坚决遏制产能盲目扩张；着力发挥市场机制作用，完善配套政策，"消化一批、转移一批、整合一批、淘汰一批"过剩产能；着力创新体制机制，加快政府职能转变，建立化解产能严重过剩矛盾长效机制，推进产业转型升级。

（二）基本原则

——坚持尊重市场规律与改善宏观调控相结合。发挥企业市场主体作用，强化企业责任意识；加强市场供需趋势研判和信息引导，综合运用法律、经济以及必要的宏观调控手段，加强政策协调，形成化解产能严重过剩矛盾、引导产业健康发展的合力。

——坚持开拓市场需求与产业转型升级相结合。保持投资合理增长，培育新的消费增长点，扩大国内市场规模，巩固拓展国际市场，消化国内过剩产能。强化需求升级导向，培育高端产品市场，促进产能结构优化，带动产业转型升级。

——坚持严格控制增量与调整优化存量相结合。严格要素供给和投资管理，遏制盲目扩张和重复建设；推进企业兼并重组，整合压缩过剩产能；实施境外投资和产业重组，转移国内过剩产能；强化资源能源和环境硬约束，加快淘汰落后产能；统筹区域协调发展，优化产业布局。

——坚持完善政策措施与深化改革创新相结合。完善和细化化解产能严重过剩矛盾的配套政策措施，建立中央和地方联动机制，加强协调服务，发挥部门合力，落实地方责任；深化重点领域改革和体制机制创新，形成有利于发挥市场竞争机制作用、有效化解产能严重过剩的体制机制环境。

（三）主要目标

通过5年努力，化解产能严重过剩矛盾工作取得重要进展：

——产能规模基本合理。钢铁、水泥、电解铝、平板玻璃、船舶等行业产能总量与环境承载力、市场需求、资源保障相适应，空间布局与区域经济发展相协调，产能利用率达到合理水平。

——发展质量明显改善。兼并重组取得实质性进展，产能结构得到优化；清洁生产和污染治理水平显著提高，资源综合利用水平明显提升；经济效益实现好转，盈利水平回归合理，行业平均负债率保持在风险可控范围内，核心竞争力明显增强。

——长效机制初步建立。公平竞争的市场环境得到完善，企业市场主体作用充分发挥。过剩行业产能预警体系和监督机制基本建立，资源要素价格、财税体制、责任追究制度等重点领域改革取得重要进展。

三、主要任务

（一）坚决遏制产能盲目扩张

严禁建设新增产能项目。严格执行国家投资管理规定和产业政策，加强产能严重过剩行业项目管理，各地方、各部门不得以任何名义、任何方式核准、备案产能严重过剩行业新增产能项目，各相关部门和机构不得办理土地（海域）供应、能评、环评审批和新增授信支持等相关业务。

分类妥善处理在建违规项目。对未按土地、环保和投资管理等法律法规履行相关手续或手续不符合规定的违规项目，地方政府要按照要求进行全面清理。凡是未开工的违规项目，一律不得开工建设；凡是不符合产业政策、准入标准、环保要求的违规项目一律停建；对确有必要建设的项目，在符合布局规划和环境承载力要求，以及等量或减量置换原则等基础上，由地方政府提出申请报告，报发展改革委、工业和信息化部并抄报国土资源部、环境保护部等相关职能部门，发展改革委、工业和信息化部商国土资源部、环境保护部等职能部门，在委托咨询机构评估的基础上出具认定意见，各相关部门依法依规补办相关手续。对未予以认定的在建违规项目一律不得续建，由地方政府自行妥善处理；对隐瞒不报在建违规项目，一经查实，立即停建，金融机构停止发放贷款，国土、环保部门依据土地管理法、环境保护法等法律法规予以处理，对涉及失职渎职和权钱交易等问题的予以严肃查处，对监管不力的要严肃追究相关人员的责任。同时，按照谁违规谁负责的原则，做好债务、人员安置等善后工作。所有在建违规项目的处理结果均应向社会公开。

（二）清理整顿建成违规产能

全面清理整顿。各省级人民政府依据行政许可法、土地管理法、环境保护法等法律法规，以及能源消耗总量控制指标、产业结构调整指导目录、行业规范和准入条件、环保标准等要求，对产能严重过剩行业建成违规项目进行全面清理，提出整顿方案并向社会公示后，报发展改革委、工业和信息化部、国土资源部、环境保护部等部门备案；对不符合备案要求的，各有关部门要及时反馈意见。

加强规范管理。各级政府要加强对建成违规产能的规范管理，工业主管部门加强行业规范和准入管理，国土、环保部门严格监督检查，质检部门进行质量保障能力综合评价，依法颁发产品生产许可证。对工艺装备落后、产品质量不合格、能耗及排放不达标的项目，列入淘汰落后年度任务加快淘汰。

（三）淘汰和退出落后产能

坚决淘汰落后产能。分解落实年度目标，在提前一年完成"十二五"钢铁、电解铝、水泥、平板玻璃等重点行业淘汰落后产能目标任务基础上，通过提高财政奖励标准，落实等量或减量置换方案等措施，鼓励地方提高淘汰落后产能标准，2015年底前再淘汰炼铁1500万吨、炼钢1500万吨、水泥（熟料及粉磨能力）1亿吨、平板玻璃2000万重量箱。"十三五"期间，结合产业发展实际和环境承载力，通过提高能源消耗、污染物排放标准，严格执行特别排放限值要求，加大执法处罚力度，加快淘汰一批落后产能。中央企业在淘汰和退出落后产能方面要发挥示范带头作用。

引导产能有序退出。完善激励和约束政策，研究建立过剩产能退出的法律制度，引导企业主动退出过剩行业。分行业制修订并严格执行强制性能耗限额标准，对超过能耗限额标准和环保不达标的企业，实施差别电价和惩罚性电价、水价等差别价格政策。产能严重过剩行业项目建设，须制定产能置换方案，实施等量或减量置换，在京津冀、长三角、珠三角等环境敏感区域，实施减量置换。项目所在地省级人民政府须制定产能等量或减量置换方案并向社会公示，行业主管部门对产能置换方案予以确认并公告，同时将置换产能列入淘汰名单，监督落实。鼓励各地积极探索政府引导、企业自愿、市场化运作的产能置换指标交易，形成淘汰落后与发展先进的良性互动机制。

（四）调整优化产业结构

推进企业兼并重组。完善和落实促进企业兼并重组的财税、金融、土地等政策措施。协调解决企业跨地区兼并重组重大问题，理顺地区间分配关系，促进行业内优势企业跨地区整合过剩产能。支持兼并重组企业整合内部资源，优化技术、产品结构，压缩过剩产能。鼓励和引导非公有制企业通过参股、控股、资产收购等多种方式参与企业兼并重组。研究出台促进企业做优做强的指导意见，推动优强企业引领行业发展，支持和培育优强企业发展壮大，提高产业集中度，增强行业发展的协调和自律能力。

优化产业空间布局。科学制定产业布局规划，在坚决遏制产能盲目扩张和严控总量的前提下，有序推进产业布局调整和优化。按照区域发展总体战略要求，适应城镇化发展需要，结合地方环境承载力、资源能源禀赋、产业基础、市场空间、物流运输等条件，有序推进产业梯度转移和环保搬迁、退城进园，防止落后产能转移。支持跨地区产能置换，引导国内有效产能向优势企业和更具比较优势的地区集中，推动形成分工合理、优势互补、各具特色的区域经济和产业发展格局。

（五）努力开拓国内市场需求

扩大国内有效需求。适应工业化、城镇化、信息化、农业现代化深入推进的需要，挖掘国内市场潜力，消化部分过剩产能。推广钢结构在建设领域的应用，提高公共建筑和政府投资建设领域钢结构使用比例，在地震等自然灾害高发地区推广轻钢结构集成房屋等抗震型建筑；推动建材下乡，稳步扩大钢材、水泥、铝型材、平板玻璃等市场需求。优化航运运力结构，加快淘汰更新老旧运输船舶。

着力改善需求结构。强化需求升级导向，实施绿色建材工程，发展绿色安全节能建筑，制修订相关标准规范，提高建筑用钢、混凝土以及玻璃等产品使用标准，带动产品升级换代。推动节能、节材和轻量化，促进高品质钢材、铝材的应用，满足先进制造业发展和传统产业转型升级需要。加快培育海洋工程装备、海上工程设施市场。

（六）积极拓展对外发展空间

巩固扩大国际市场。鼓励企业积极参加各类贸易促进活动，创新国际贸易方式。拓展对外工程承包领域，提升对外承包工程质量和效益，积极承揽重大基础设施和大型工业、能源、通信、矿产资源开发等项目，带动国内技术、装备、产品、标准和服务等出口，培育"中国建设"国际品牌。适应国际新规范、新公约、新标准要求，增强节能环保船舶设计制造能力，稳定船舶出口市场。

扩大对外投资合作。鼓励优势企业以多种方式"走出去"，优化制造产地分布，消化国内产能。建立健全贸易投资平台和"走出去"投融资综合服务平台。推动设立境外经贸合作区，吸引国内企业入园。按照优势互补、互利共赢的原则，发挥钢铁、水泥、电解铝、平板玻璃、船舶等产业的技术、装备、规模优势，在全球范围内开展资源和价值链整合；加强与周边国家及新兴市场国家投资合作，采取多种形式开展对外投资，建设境外生产基地，提高企业跨国经营水平，拓展国际发展新空间。

（七）增强企业创新驱动发展动力

突破核心关键技术。利用市场机制和经济杠杆倒逼企业增强技术创新的内在动力，推动企业转型和产业升级，提升以产品质量、标准、技术为核心要素的市场竞争力。着力构建以企业为主体、市场为导向、产学研相结合的技术创新体系，集中精力突破、掌握一批关键共性技术。鼓励企业实施技术改造，推广应用更加节能、安全、环保、高效的钢铁、电解铝、水泥、平板玻璃工艺技术，提升高技术船舶、海洋工程装备设计制造能力。

加强企业管理创新。深化国有企业改革，引导国有资本从产能严重过剩行业向战略性新兴产业和公共事业领域转移。鼓励企业强化战略管理、培育知名品牌，加强产品创新、组织创新、商业模式创新，提升有效供给，创造有效需求。提高企业管理信息化水平，推进精细化管理。注重发挥企业家才能，加强创新型人才队伍建设，完善以人为本的企业人才激励机制。总结推广企业管理创新优秀成果，实施企业管理创新示范工程。

（八）建立长效机制

创新政府管理。加强产业、土地、环保、节能、金融、质量、安全、进出口等部门协调配合，强化用地、用海和岸线审查，严格环保和质量监督管理，坚持银行独立审贷，形成法律法规约束下责任清晰的市场监管机制。深化投资体制改革，强化事中和事后纵横协管。加强对产能严重过剩行业动态监测分析，建立产能过剩信息预警机制。

营造公平环境。保障各种所有制经济依法平等使用生产要素、公平参与市场竞争、同等受到法律保护。切实减少对企业生产经营活动的行政干预，坚决清理废除地方政府在招商引资中采取土地、资源、税收、电价等损害公平竞争的优惠政策，以及地方保护、市场分割的限制措施。加强知识产权保护和质量体系建设，打击假冒伪劣产品，整顿规范市场秩序，形成有利于创新创业的市场环境。

完善市场机制。推进资源税改革和环境保护税立法。理顺资源、要素价格的市场形成机制，完善差别化价格政策，提高产业准入的能耗、物耗、水耗和生态环保标准，切实发挥市场配置资源的基础性作用。以资源环境承载力上限，倒逼超标产能退出、节能减排达标和自然环境改善。完善转移支付制度，建立生态环保补偿责任制。

四、分业施策

对产能严重过剩行业，要根据行业特点，开展有选择、有侧重、有针对性的化解工作。

钢铁。重点推动山东、河北、辽宁、江苏、山西、江西等地区钢铁产业结构调整，充分发挥地方政府的积极性，整合分散钢铁产能，推动城市钢厂搬迁，优化产业布局，压缩钢铁产能总量 8000 万吨以上。逐步提高热轧带肋钢筋、电工用钢、船舶用钢等钢材产品标准，修订完善钢材使用设计规范，在建筑结构纵向受力钢筋中全面推广应用 400 兆帕及以上强度高强钢筋，替代 335 兆帕热轧带肋钢筋等低品质钢材。加快推动高强钢筋产品的分类认证和标识管理。落实公平税赋政策，取消加工贸易项下进口钢材保税政策。

水泥。加快制修订水泥、混凝土产品标准和相关设计规范，推广使用高标号水泥和高性能混凝土，尽快取消 32.5 复合水泥产品标准，逐步降低 32.5 复合水泥使用比重。

鼓励依托现有水泥生产线，综合利用废渣发展高标号水泥和满足海洋、港口、核电、隧道等工程需要的特种水泥等新产品。支持利用现有水泥窑无害化协同处置城市生活垃圾和产业废弃物，进一步完善费用结算机制，协同处置生产线数量比重不低于10％。强化氮氧化物等主要污染物排放和能源、资源单耗指标约束，对整改不达标的生产线依法予以淘汰。

电解铝。2015年底前淘汰16万安培以下预焙槽，对吨铝液电解交流电耗大于13700千瓦时，以及2015年底后达不到规范条件的产能，用电价格在标准价格基础上上浮10％。严禁各地自行出台优惠电价措施，采取综合措施推动缺乏电价优势的产能逐步退出，有序向具有能源竞争优势特别是水电丰富地区转移。支持电解铝企业与电力企业签订直购电长期合同，推广交通车辆轻量化用铝材产品的开发和应用。鼓励国内企业在境外能源丰富地区建设电解铝生产基地。

平板玻璃。制修订平板玻璃和制品标准和应用规范，在新建建筑和既有建筑改造中使用符合节能标准的门窗，鼓励采用低辐射中空玻璃，支持既有生产线升级改造，提高优质浮法玻璃原片比重。发展功能性玻璃，鼓励原片生产深加工一体化，平板玻璃深加工率达到50％以上，培育玻璃精深加工基地。加快河北、广东、江苏、山东等重点产区和环境敏感区域结构调整。支持联合重组，形成一批产业链完整、核心竞争力强的企业集团。

船舶。提高海洋开发装备水平，加强海洋保障能力建设，充分挖掘航运、海洋工程、渔业、行政执法、应急救援等领域船舶装备的国内需求潜力，调整优化船舶产品结构。加大出口船舶信贷金融扶持，鼓励有实力的企业建立海外销售服务基地。提高满足国际新规范、新公约、新标准的船舶产品研发和建造能力，鼓励现有造船产能向海洋工程装备领域转移，支持中小企业转型转产，提升高端产能比重。提高行业准入标准，对达不到准入条件和一年以上未承接新船订单的船舶企业实施差别化政策。支持企业兼并重组，提高产业集中度。

五、政策措施

（一）完善行业管理。充分发挥行业规划、政策、标准的引导和约束作用，落实工业转型升级规划和行业发展规划，修订完善钢铁、水泥产业政策和铝、水泥、平板玻璃、船舶行业准入条件。加强行业准入和规范管理，公告符合条件的生产线和企业名单。适时发布产能严重过剩行业产能利用、市场供需等相关信息。定期发布淘汰落后产能企业名单。加强产品质量管理，推行产能严重过剩行业产品质量分类监管。发挥行业协会在行业自律、信息服务等方面的重要作用。

（二）强化环保硬约束监督管理。加强环保准入管理，严格控制区域主要污染物排放总量，完善区域限批措施。抓紧研究完善污染物排放和环境质量标准，特别是对京津冀等环境敏感区域要提高相关环境标准。开展环境质量、重点污染源排放情况动态监测，对污染物排放超标企业实施限产、停产等措施。对产能严重过剩行业企业强化执法监督检查，曝光环境违法企业名单，加大处罚力度，责令限期整改，污染排放严重超标的企业要停产整顿，对经整改整顿仍不符合污染物排放标准和特别排放限值等相关规定的企业，予以关停。

（三）加强土地和岸线管理。强化项目用地、岸线管理，对产能严重过剩行业企业使用土地、岸线进行全面检查，对违规建设项目使用土地、岸线进行清理整顿，对发现的土地违法行为依法进行查处。加强对产能严重过剩行业新增使用土地、岸线的审核，对未经核准、备案的项目，一律不得批准使用土地、岸线。各地要取消产能严重过剩行业项目用地优惠政策。政府土地储备机构有偿收回企业环保搬迁、兼并重组、淘汰落后等退出的土地，按规定支付给企业的土地补偿费，可以用于支持企业做好善后处理工作和转型发展。

（四）落实有保有控的金融政策。对产能严重过剩行业实施有针对性的信贷指导政策，加强和改进信贷管理。对未取得合法手续的建设项目，一律不得放贷、发债、上市融资。依法保护金融债权。鼓励商业银行按照风险可控和商业可持续原则，加大对产能严重过剩行业企业兼并重组整合过剩产能、转型转产、产品结构调整、技术改造和向境外转移产能、开拓市场的信贷支持。对整合过剩产能的企业，积极稳妥开展并购贷款业务，合理确定并购贷款利率，贷款期限可延长至7年。大力发展各类机构投资，鼓励创新基金品种，开拓企业兼并重组融资渠道。加大企业"走出去"的贷款支持力度、适当简化审批程序，完善海外投资保险产品，研究完善"走出去"投融资服务体系，支持产能向境外转移。

（五）完善和规范价格政策。按照体现资源稀缺性和环境成本的原则，深化资源性产品价格改革。继续实施并完善非居民用水超定额加价和环保收费政策。完善差别电价政策，各地对产能严重过剩行业优惠电价政策进行清理整顿，禁止自行实行电价优惠和电费补贴。对钢铁、水泥、电解铝、平板玻璃等高耗能行业，能耗、电耗、水耗达不到行业标准的产能，实施差别电价和惩罚性电价、水价。

（六）完善财税支持政策。中央财政加大对产能严重过剩行业实施结构调整和产业升级的支持力度，各地财政结合实际安排专项资金予以支持。中央财政利用淘汰落后产能奖励资金等现有资金渠道，适当扩大资金规模，支持产能严重过剩行业压缩过剩产能。完善促进企业兼并重组的税收政策，鼓励企业重组，提高市场竞争力。对向境外转移过剩产能的企业，其出口设备及产品可按现行规定享受出口退税政策。修订完善资源综合利用财税优惠政策，支持生产高标号水泥、高性能混凝土以及利用水泥窑处置城市垃圾、污泥和产业废弃物。

（七）落实职工安置政策。各级政府要切实负起责任，将化解产能严重过剩矛盾中企业下岗失业人员纳入就业扶持政策体系。落实促进自主创业、鼓励企业吸纳就业和帮扶就业困难人员就业等各项政策，加强对下岗失业人员的免费职业介绍、职业指导等服务，提供职业培训，开展创业指导和创业培训，落实自主创业税费减免、小额担保贷款等政策，扶持下岗失业人员以创业带动就业。切实做好下岗失业人员社会保险关系接续和转移，按规定落实好其社会保障待遇，依法妥善处理职工劳动关系。

（八）建立项目信息库和公开制度。建立全国统一的投资项目信息库，充分发挥信息化在市场监管中的作用。结合取消和下放项目行政审批，以及加强事中、事后监管的要求，率先建立钢铁、电解铝等产能严重过剩行业项目信息库，涵盖现有生产企业在建项目和已核准或备案项目的动态情况。加强建设项目信息公开和服务，并与国土、环保、金融等信息系统互联互通，形成协同监管机制。同时，建立和完善举报查处制度，鼓励和引导社会参与监管。

（九）强化监督检查。把化解产能严重过剩矛盾工作列为落实中央重大决策部署监督检查的重要内容，加强对本意见贯彻落实情况的监督检查，落实地方政府主体责任。认真执法问责，对工作开展不力的地方和部门，进行通报批评，建立健全责任延伸制度。强化案件查办，对违法违规建设产能严重过剩行业项目监管不力的，按照国家有关规定追究相关责任人的责任。将遏制重复建设、化解产能严重过剩矛盾工作列入地方政府政绩考核指标体系。及时公开化解产能严重过剩进展情况，发挥新闻媒体舆论引导和社会公众的监督作用。

六、实施保障

各地区、各部门要进一步提高认识，把思想和行动统一到中央的决策部署上来，切实履行职责，加强协调配合，以高度的责任感、使命感和改革创新精神，合力推进化解产能严重过剩矛盾各项工作。国土资源部门要进一步加强供地用地管理，把好土地关口；环境保护部门要继续强化环境监管，管好环保门槛；金融部门要改进和加强信贷管理，用好信贷闸门。各有关部门要按照本意见的要求，根据职责分工抓紧制定配套文件，完善配套政策，确保各项任务得到贯彻实施。各省级人民政府对本地区化解产能严重过剩矛盾工作负总责，结合实际制定具体实施方案并组织实施，高度重视和有效防范社会风险，切实加强组织领导和监督检查，稳扎稳打做好化解产能严重过剩工作，保障本意见各项任务顺利实施。加强宣传引导，做好政策解读，营造化解产能严重过剩矛盾的良好社会氛围。

国务院

2013 年 10 月 6 日

附件2 《国务院办公厅关于转发发展改革委住房城乡建设部绿色建筑行动方案的通知》

国务院办公厅关于转发发展改革委住房城乡建设部绿色建筑行动方案的通知

国办发〔2013〕1号

各省、自治区、直辖市人民政府，国务院各部委、各直属机构：

发展改革委、住房城乡建设部《绿色建筑行动方案》已经国务院同意，现转发给你们，请结合本地区、本部门实际，认真贯彻落实。

国务院办公厅
2013年1月1日
（此件公开发布）

绿色建筑行动方案

发展改革委 住房城乡建设部

为深入贯彻落实科学发展观，切实转变城乡建设模式和建筑业发展方式，提高资源利用效率，实现节能减排约束性目标，积极应对全球气候变化，建设资源节约型、环境友好型社会，提高生态文明水平，改善人民生活质量，制定本行动方案。

一、充分认识开展绿色建筑行动的重要意义

绿色建筑是在建筑的全寿命期内，最大限度地节约资源、保护环境和减少污染，为人们提供健康、适用和高效的使用空间，与自然和谐共生的建筑。"十一五"以来，我国绿色建筑工作取得明显成效，既有建筑供热计量和节能改造超额完成"十一五"目标任务，新建建筑节能标准执行率大幅度提高，可再生能源建筑应用规模进一步扩大，国家机关办公建筑和大型公共建筑节能监管体系初步建立。但也面临一些比较突出的问题，主要是：城乡建设模式粗放，能源资源消耗高、利用效率低，重规模轻效率、重外观轻品质、重建设轻管理，建筑使用寿命远低于设计使用年限等。

开展绿色建筑行动，以绿色、循环、低碳理念指导城乡建设，严格执行建筑节能强制性标准，扎实推进既有建筑节能改造，集约节约利用资源，提高建筑的安全性、舒适性和健康性，对转变城乡建设模式，破解能源资源瓶颈约束，改善群众生产生活条件，培育节能环保、新能源等战略性新兴产业，具有十分重要的意义和作用。要把开展绿色建筑行动作为贯彻落实科学发展观、大力推进生态文明建设的重要内容，把握我国城镇化和新农村建设加快发展的历史机遇，切实推动城乡建设走上绿色、循环、低碳的科学发展轨道，促进经济社会全面、协调、可持续发展。

二、指导思想、主要目标和基本原则

（一）指导思想

以邓小平理论、"三个代表"重要思想、科学发展观为指导，把生态文明融入城乡建设的全过程，紧紧抓住城镇化和新农村建设的重要战略机遇期，树立全寿命期理念，切实转变城乡建设模式，提高资源利用效率，合理改善建筑舒适性，从政策法规、体制机制、规划设计、标准规范、技术推广、建设运营和产业支撑等方面全面推进绿色建筑行动，加快推进建设资源节约型和环境友好型社会。

（二）主要目标

1. 新建建筑。城镇新建建筑严格落实强制性节能标准，"十二五"期间，完成新建绿色建筑10亿平方米；到2015年末，20％的城镇新建建筑达到绿色建筑标准要求。

2. 既有建筑节能改造。"十二五"期间，完成北方采暖地区既有居住建筑供热计量和节能改造4亿平方米以上，夏热冬冷地区既有居住建筑节能改造5000万平方米，公共建筑和公共机构办公建筑节能改造1.2亿平方米，实施农村危房改造节能示范40万套。到2020年末，基本完成北方采暖地区有改造价值的城镇居住建筑节能改造。

（三）基本原则

1. 全面推进，突出重点。全面推进城乡建筑绿色发展，重点推动政府投资建筑、保障性住房以及大型公共建筑率先执行绿色建筑标准，推进北方采暖地区既有居住建筑节能改造。

2. 因地制宜，分类指导。结合各地区经济社会发展水平、资源禀赋、气候条件和建筑特点，建立健全绿色建筑标准体系、发展规划和技术路线，有针对性地制定有关政策措施。

3. 政府引导，市场推动。以政策、规划、标准等手段规范市场主体行为，综合运用价格、财税、金融等经济手段，发挥市场配置资源的基础性作用，营造有利于绿色建筑发展的市场环境，激发市场主体设计、建造、使用绿色建筑的内生动力。

4. 立足当前，着眼长远。树立建筑全寿命期理念，综合考虑投入产出效益，选择合理的规划、建设方案和技术措施，切实避免盲目的高投入和资源消耗。

三、重点任务

（一）切实抓好新建建筑节能工作

1. 科学做好城乡建设规划。在城镇新区建设、旧城更新和棚户区改造中，以绿色、节能、环保为指导思想，建立包括绿色建筑比例、生态环保、公共交通、可再生能源利用、土地集约利用、再生水利用、废弃物回收利用等内容的指标体系，将其纳入总体规划、控制性详细规划、修建性详细规划和专项规划，并落实到具体项目。做好城乡建设规划与区域能源规划的衔接，优化能源的系统集成利用。建设用地要优先利用城乡废弃地，积极开发利用地下空间。积极引导建设绿色生态城区，推进绿色建筑规模化发展。

2. 大力促进城镇绿色建筑发展。政府投资的国家机关、学校、医院、博物馆、科技馆、体育馆等建筑，直辖市、计划单列市及省会城市的保障性住房，以及单体建筑面积超过2万平方米的机场、车站、宾馆、饭店、商场、写字楼等大型公共建筑，自2014年起全面执行绿色建筑标准。积极引导商业房地产开发项目执行绿色建筑标准，鼓励房地产开发企业建设绿色住宅小区。切实推进绿色工业建筑建设。发展改革、财政、住房城乡建设等部门要修订工程预算和建设标准，各省级人民政府要制定绿色建筑工程定额和造价标准。严格落实固定资产投资项目节能评估审查制度，强化对大型公共建筑项目执行绿色建筑标准情况的审查。强化绿色建筑评价标识管理，加强对规划、设计、施工和运行的监管。

3. 积极推进绿色农房建设。各级住房城乡建设、农业等部门要加强农村村庄建设整体规划管理，制定村镇绿色生态发展指导意见，编制农村住宅绿色建设和改造推广图集、村镇绿色建筑技术指南，免费提供技术服务。大力推广太阳能热利用、围护结构保温隔热、省柴节煤灶、节能炕等农房节能技术；切实推进生物质能利用，发展大中型沼气，加强运行管理和维护服务。科学引导农房执行建筑节能标准。

4. 严格落实建筑节能强制性标准。住房城乡建设部门要严把规划设计关口，加强建筑设计方案规划审查和施工图审查，城镇建筑设计阶段要100%达到节能标准要求。加强施工阶段监管和稽查，确保工程质量和安全，切实提高节能标准执行率。严格建筑节能专项验收，对达不到强制性标准要求的建筑，不得出具竣工验收合格报告，不允许投入使用并强制进行整改。鼓励有条件的地区执行更高能效水平的建筑节能标准。

（二）大力推进既有建筑节能改造

1. 加快实施"节能暖房"工程。以围护结构、供热计量、管网热平衡改造为重点，大力推进北方采暖地区既有居住建筑供热计量及节能改造，"十二五"期间完成改造4亿平方米以上，鼓励有条件的地区超额完成任务。

2. 积极推动公共建筑节能改造。开展大型公共建筑和公共机构办公建筑空调、采暖、通风、照明、热水等用能系统的节能改造，提高用能效率和管理水平。鼓励采取合同能源管理模式进行改造，对项目按节能量予以奖励。推进公共建筑节能改造重点城市示范，继续推行"节约型高等学校"建设。"十二五"期间，完成公共建筑改造6000万平方米，公共机构办公建筑改造6000万平方米。

3. 开展夏热冬冷和夏热冬暖地区居住建筑节能改造试点。以建筑门窗、外遮阳、自然通风等为重点，在夏热冬冷和夏热冬暖地区进行居住建筑节能改造试点，探索适宜的改造模式和技术路线。"十二五"期间，完成改造5000万平方米以上。

4. 创新既有建筑节能改造工作机制。做好既有建筑节能改造的调查和统计工作，制定具体改造规划。在旧城区综合改造、城市市容整治、既有建筑抗震加固中，有条件的地区要同步开展节能改造。制定改造方案要充分听取有关各方面的意见，保障社会公众的知情权、参与权和监督权。在条件许可并征得业主同意的前提下，研究采用加层改造、扩容改造等方式进行节能改造。坚持以人为本，切实减少扰民，积极推行工业化和标准化施工。住房城乡建设部门要严格落实工程建设责任制，严把规划、设计、施工、材料等关口，确保工程安全、质量和效益。节能改造工程完工后，应进行建筑能效测评，对达不到要求的不得通过竣工验收。加强宣传，充分调动居民对节能改造的积极性。

（三）开展城镇供热系统改造

实施北方采暖地区城镇供热系统节能改造，提高热源效率和管网保温性能，优化系统调节能力,改善管网热平衡。撤并低能效、高污染的供热燃煤小锅炉,因地制宜地推广热电联产、高效锅炉、工业废热利用等供热技术。推广"吸收式热泵"和"吸收式换热"技术,提高集中供热管网的输送能力。开展城市老旧供热管网系统改造,减少管网热损失,降低循环水泵电耗。

(四)推进可再生能源建筑规模化应用

积极推动太阳能、浅层地能、生物质能等可再生能源在建筑中的应用。太阳能资源适宜地区应在2015年前出台太阳能光热建筑一体化的强制性推广政策及技术标准,普及太阳能热水利用,积极推进被动式太阳能采暖。研究完善建筑光伏发电上网政策,加快微电网技术研发和工程示范,稳步推进太阳能光伏在建筑上的应用。合理开发浅层地热能。财政部、住房城乡建设部研究确定可再生能源建筑规模化应用适宜推广地区名单。开展可再生能源建筑应用地区示范,推动可再生能源建筑应用集中连片推广,到2015年末,新增可再生能源建筑应用面积25亿平方米,示范地区建筑可再生能源消费量占建筑能耗总量的比例达到10%以上。

(五)加强公共建筑节能管理

加强公共建筑能耗统计、能源审计和能耗公示工作,推行能耗分项计量和实时监控,推进公共建筑节能、节水监管平台建设。建立完善的公共机构能源审计、能效公示和能耗定额管理制度,加强能耗监测和节能监管体系建设。加强监管平台建设统筹协调,实现监测数据共享,避免重复建设。对新建、改扩建的国家机关办公建筑和大型公共建筑,要进行能源利用效率测评和标识。研究建立公共建筑能源利用状况报告制度,组织开展商场、宾馆、学校、医院等行业的能效水平对标活动。实施大型公共建筑能耗(电耗)限额管理,对超限额用能(用电)的,实行惩罚性价格。公共建筑业主和所有权人要切实加强用能管理,严格执行公共建筑空调温度控制标准。研究开展公共建筑节能量交易试点。

(六)加快绿色建筑相关技术研发推广

科技部门要研究设立绿色建筑科技发展专项,加快绿色建筑共性和关键技术研发,重点攻克既有建筑节能改造、可再生能源建筑应用、节水与水资源综合利用、绿色建材、废弃物资源化、环境质量控制、提高建筑物耐久性等方面的技术,加强绿色建筑技术标准规范研究,开展绿色建筑技术的集成示范。依托高等院校、科研机构等,加快绿色建筑工程技术中心建设。发展改革、住房城乡建设部门要编制绿色建筑重点技术推广目录,因地制宜推广自然采光、自然通风、遮阳、高效空调、热泵、雨水收集、规模化中水利用、隔声等成熟技术,加快普及高效节能照明产品、风机、水泵、热水器、办公设备、家用电器及节水器具等。

(七)大力发展绿色建材

因地制宜、就地取材,结合当地气候特点和资源禀赋,大力发展安全耐久、节能环保、施工便利的绿色建材。加快发展防火隔热性能好的建筑保温体系和材料,积极发展烧结空心制品、加气混凝土制品、多功能复合一体化墙体材料、一体化屋面、低辐射镀膜玻璃、断桥隔热门窗、遮阳系统等建材。引导高性能混凝土、高强钢的发展利用,到2015年末,标准抗压强度60兆帕以上混凝土用量达到总用量的10%,屈服强度400兆帕以上热轧带肋钢筋用量达到总用量的45%。大力发展预拌混凝土、预拌砂浆。深入推进墙体材

142

料革新，城市城区限制使用黏土制品，县城禁止使用实心黏土砖。发展改革、住房城乡建设、工业和信息化、质检部门要研究建立绿色建材认证制度，编制绿色建材产品目录，引导规范市场消费。质检、住房城乡建设、工业和信息化部门要加强建材生产、流通和使用环节的质量监管和稽查，杜绝性能不达标的建材进入市场。积极支持绿色建材产业发展，组织开展绿色建材产业化示范。

（八）推动建筑工业化

住房城乡建设等部门要加快建立促进建筑工业化的设计、施工、部品生产等环节的标准体系，推动结构件、部品、部件的标准化，丰富标准件的种类，提高通用性和可置换性。推广适合工业化生产的预制装配式混凝土、钢结构等建筑体系，加快发展建设工程的预制和装配技术，提高建筑工业化技术集成水平。支持集设计、生产、施工于一体的工业化基地建设，开展工业化建筑示范试点。积极推行住宅全装修，鼓励新建住宅一次装修到位或菜单式装修，促进个性化装修和产业化装修相统一。

（九）严格建筑拆除管理程序

加强城市规划管理，维护规划的严肃性和稳定性。城市人民政府以及建筑的所有者和使用者要加强建筑维护管理，对符合城市规划和工程建设标准、在正常使用寿命内的建筑，除基本的公共利益需要外，不得随意拆除。拆除大型公共建筑的，要按有关程序提前向社会公示征求意见，接受社会监督。住房城乡建设部门要研究完善建筑拆除的相关管理制度，探索实行建筑报废拆除审核制度。对违规拆除行为，要依法依规追究有关单位和人员的责任。

（十）推进建筑废弃物资源化利用

落实建筑废弃物处理责任制，按照"谁产生、谁负责"的原则进行建筑废弃物的收集、运输和处理。住房城乡建设、发展改革、财政、工业和信息化部门要制定实施方案，推行建筑废弃物集中处理和分级利用，加快建筑废弃物资源化利用技术、装备研发推广，编制建筑废弃物综合利用技术标准，开展建筑废弃物资源化利用示范，研究建立建筑废弃物再生产品标识制度。地方各级人民政府对本行政区域内的废弃物资源化利用负总责，地级以上城市要因地制宜设立专门的建筑废弃物集中处理基地。

四、保障措施

（一）强化目标责任

要将绿色建筑行动的目标任务科学分解到省级人民政府，将绿色建筑行动目标完成情况和措施落实情况纳入省级人民政府节能目标责任评价考核体系。要把贯彻落实本行动方案情况纳入绩效考核体系，考核结果作为领导干部综合考核评价的重要内容，实行责任制和问责制，对作出突出贡献的单位和人员予以通报表扬。

（二）加大政策激励

研究完善财政支持政策，继续支持绿色建筑及绿色生态城区建设、既有建筑节能改造、供热系统节能改造、可再生能源建筑应用等，研究制定支持绿色建材发展、建筑垃圾资源化利用、建筑工业化、基础能力建设等工作的政策措施。对达到国家绿色建筑评价标准二星级及以上的建筑给予财政资金奖励。财政部、税务总局要研究制定税收方面的优惠政策，鼓励房地产开发商建设绿色建筑，引导消费者购买绿色住宅。改进和完善对绿色建筑的金融服务，金融机构可对购买绿色住宅的消费者在购房贷款利率上给予适当优惠。国土资源部门要研究制定促进绿色建筑发展在土地转让方面的政策，住房城乡建设部门要研究制定容积率奖励方面的政策，在土地招拍挂出让规划条件中，要明确绿色建筑的建设用地比例。

（三）完善标准体系

住房城乡建设等部门要完善建筑节能标准，科学合理地提高标准要求。健全绿色建筑评价标准体系，加快制（修）订适合不同气候区、不同类型建筑的节能建筑和绿色建筑评价标准，2013年完成《绿色建筑评价标准》的修订工作，完善住宅、办公楼、商场、宾馆的评价标准，出台学校、医院、机场、车站等公共建筑的评价标准。尽快制（修）订绿色建筑相关工程建设、运营管理、能源管理体系等标准，编制绿色建筑区域规划技术导则和标准体系。住房城乡建设、发展改革部门要研究制定基于实际用能状况、覆盖不同气候区、不同类型建筑的建筑能耗限额，要会同工业和信息化、质检等部门完善绿色建材标准体系，研究制定建筑装修材料有害物限量标准，编制建筑废弃物综合利用的相关标准规范。

（四）深化城镇供热体制改革

住房城乡建设、发展改革、财政、质检等部门要大力推行按热量计量收费，督导各地区出台完善供热计量价格和收费办法。严格执行两部制热价。新建建筑、完成供热计量改造的既有建筑全部实行按热量计量收费，推行采暖补贴"暗补"变"明补"。对实行分户计量有难度的，研究采用按小区或楼宇供热量计量收费。实施热价与煤价、气价联动制度，对低收入居民家庭提供供热补贴。加快供热企业改革，推进供热企业市场化经营，培育和规范供热市场，理顺热源、管网、用户的利益关系。

（五）严格建设全过程监督管理

在城镇新区建设、旧城更新、棚户区改造等规划中，地方各级人民政府要建立并严格落实绿色建设指标体系要求，住房城乡建设部门要加强规划审查，国土资源部门要加强土地出让监管。对应执行绿色建筑标准的项目，住房城乡建设部门要在设计方案审查、施工图设计审查中增加绿色建筑相关内容，未通过审查的不得颁发建设工程规划许可证、施工许可证；施工时要加强监管，确保按图施工。对自愿执行绿色建筑标准的项目，在项目立项时要标明绿色星级标准，建设单位应在房屋施工、销售现场明示建筑节能、节水等性能指标。

（六）强化能力建设

住房城乡建设部要会同有关部门建立健全建筑能耗统计体系，提高统计的准确性和及时性。加强绿色建筑评价标识体系建设，推行第三方评价，强化绿色建筑评价监管机构能力建设，严格评价监管。要加强建筑规划、设计、施工、评价、运行等人员的培训，将绿色建筑知识作为相关专业工程师继续教育培训、执业资格考试的重要内容。鼓励高等院校开设绿色建筑相关课程，加强相关学科建设。组织规划设计单位、人员开展绿色建筑规划与设计竞赛活动。广泛开展国际交流与合作，借鉴国际先进经验。

（七）加强监督检查

将绿色建筑行动执行情况纳入国务院节能减排检查和建设领域检查内容，开展绿色建筑行动专项督查，严肃查处违规建设高耗能建筑、违反工程建设标准、建筑材料不达标、不按规定公示性能指标、违反供热计量价格和收费办法等行为。

（八）开展宣传教育

采用多种形式积极宣传绿色建筑法律法规、政策措施、典型案例、先进经验，加强舆论监督，营造开展绿色建筑行动的良好氛围。将绿色建筑行动作为全国节能宣传周、科技活动周、城市节水宣传周、全国低碳日、世界环境日、世界水日等活动的重要宣传内容，提高公众对绿色建筑的认知度，倡导绿色消费理念，普及节约知识，引导公众合理使用用能产品。

各地区、各部门要按照绿色建筑行动方案的部署和要求，抓好各项任务落实。发展改革委、住房城乡建设部要加强综合协调，指导各地区和有关部门开展工作。各地区、各有关部门要尽快制定相应的绿色建筑行动实施方案，加强指导，明确责任，狠抓落实，推动城乡建设模式和建筑业发展方式加快转变，促进资源节约型、环境友好型社会建设。

附件3 《关于成立高性能混凝土推广应用技术指导组的通知》

住房和城乡建设部标准定额司
工业和信息化部原材料工业司

建标实函〔2013〕133号

关于成立高性能混凝土推广应用技术指导组的通知

各省、自治区、直辖市住房和城乡建设厅（委）、工业和信息化主管部门，新疆生产建设兵团建设局、工业和信息化主管部门，各有关单位：

为促进高性能混凝土的推广应用，保证推广应用工作的科学性和工作成效，住房和城乡建设部标准定额司、工业和信息化部原材料工业司决定成立高性能混凝土推广应用技术指导组（以下简称技术指导组）。现将有关事项通知如下：

一、人员组成

技术指导组聘请顾问6人，设组长1人、副组长2人，成员44人（名单见附件）。技术指导组人员主要来自混凝土及其原料生产、建筑设计和施工企业，以及相关协会、科研院所、高校等单位。

技术指导组日常工作由内设的办公室负责办理。办公室挂靠在中国建筑科学研究院。

技术指导组成员根据技术专长分为三个专业组：

（1）材料及制品生产专业组，设组长1人、副组长2人，成员21人；

（2）结构设计施工专业组，设组长1人、副组长1人，成员8人；

（3）政策及标准规范专业组，设组长1人、副组长1人，成员8人。

每个专业组的正副组长，负责召集和组织本专业组有关成员开展相关工业，向技术指导组正副组长报告本专业组工作和进展，参加技术指导组组长会议。

二、主要职责

技术指导组受住房和城乡建设部标准定额司、工业和信息化部原材料工业司委托，按照高性能混凝土推广应用协调组（以下简称推广应用协调组）工作的安排和要求履行以下职责：

（一）收集与分析高性能混凝土推广应用过程中遇到的技术问题，为制定、实施高性能混凝土推广应用政策和措施提供技术支持。

（二）为制（修）订高性能混凝土产品标准和工程建设标准规范提供技术支持，并组织相关标准规范的宣贯，编写高性能混凝土应用技术等培训材料。

（三）开展高性能混凝土推广应用技术咨询和服务工作，指导地方开展有关技术工作。

（四）参与组织高性能混凝土推广应用试点工作和示范项目的方案审核、考核办法制定以及考核评估工作。

（五）组织开展高性能混凝土生产与应用重点课题的研究，与国外相关研究与应用机构开展交流与合作。

（六）承担委托的其他工作。

三、工作要求

（一）技术指导组及其他成员应以法律法规、标准规范等为依据，在受托范围内，科学、公正、实事求是地开展工作，并接受主管部门以及社会各界的监督。

（二）技术指导组办公室应加强与主管部门及技术指导组成员的联系，做好日常沟通和协调工作。

（三）技术指导组成员所在单位，应提供相应支持和工作便利。

四、工作机制

（一）技术指导组受推广应用协调组的委托开展工作。

（二）技术指导组每年召开一次全体会议，每半年召开一次组长会议，或根据需要适时召开专业组联组会。

组长会议由技术指导组正副长、各专业组正副组长组成，邀请顾问参加。组长会议主要是总结和布置技术指导组具体工作，听取并交流各专业组情况，协调各专业组意见，拟定重要意见方案等。

应技术指导组正副组长或专业组正副组长提议，也可根据工作需要临时增开组长会议或专业组联组会议。

（三）各专业组正副组长负责每季度召集本专业组全体会议，或根据工作需要适时召集部分成员参加的专题会。

（四）技术指导组办公室办理技术指导组日常工作。负责报告技术指导组和各专业组的工作，传达推广应用协调组的工作安排和要求等。具体承办技术指导组全体会议、组长会议、专业组联组会和各专业组会议，整理会议纪要或会议记录，并及时报送主管部门，分发技术指导组顾问、正副组长和各专业组以及相关与会人员。

附件：高性能混凝土推广应用技术指导组名单

工业和信息化部原材料工业司
住房和城乡建设部标准定额司
2013 年 12 月 11 日

附件

高性能混凝土推广应用技术指导组名单

顾　　问：缪昌文　江苏省建筑科学研究院有限公司院士

　　　　　陈肇元　清华大学院士

　　　　　叶可明　上海建工集团股份有限公司院士

　　　　　徐永模　中国硅酸盐学会理事长

　　　　　肖绪文　中国建筑股份有限公司教授级高工

　　　　　韩素芳　中国建筑科学研究院研究员

组　　长：黄　强　中国建筑科学研究院副院长

副组长：姚　燕　中国建筑材料科学研究总院院长

　　　　　李　铮　住房和城乡建设部标准定额研究所副所长

1. 材料及制品生产专业组：

组　　长：冷发光　中国建筑科学研究院建筑材料研究所总工

副组长：王　玲　中国建筑材料科学研究总院教授级高工

　　　　　丁　威　中国建筑科学研究院建筑材料研究所研究员

成　　员：王　元　辽宁建设科学研究院副院长

　　　　　王　军　中建西部建设股份有限公司总工

　　　　　王子明　北京工业大学材料学院教授

　　　　　石云兴　中建股份有限公司技术中心副总工

　　　　　刘加平　江苏博特新材料有限公司研究员

　　　　　孙芹先　中国混凝土与水泥制品协会秘书长

　　　　　朱卫中　黑龙江省寒地建筑科学研究院院长

　　　　　李占军　冀东发展集团砂石事业部总经理

　　　　　李家正　长江科学研究院副所长

　　　　　李章建　云南建工混凝土公司总工

　　　　　杜　雷　甘肃土木工程科学研究院副院长

　　　　　杨长辉　重庆大学教授

　　　　　周永祥　中国建筑科学研究院建筑材料研究所副研究员

　　　　　周岳年　舟山金土木混凝土技术开发有限公司总工

　　　　　赵顺增　中国建筑材料科学研究总院教授级高工

郝挺宇　中冶建筑研究总院有限公司教授级高工
桂苗苗　厦门市建筑科学研究院高工
袁亮国　中国联合水泥集团有限公司总工
高金枝　北京金隅集团混凝土公司总经理助理
阎培渝　清华大学教授
谢永江　中国铁道科学研究院所长

2. 结构设计施工专业组
组　长：黄小坤　建研科技股份有限公司总工
副组长：龚　剑　上海建工集团股份有限公司总工
成　员：任庆英　中国建筑设计研究院总工
　　　　齐五辉　北京市建筑设计研究院总工
　　　　吴一红　中国建筑东北设计研究院总工
　　　　李景芳　中建股份有限公司技术中心副主任
　　　　钱礼平　安徽省建筑科学研究设计院副总工
　　　　黄政宇　湖南大学教授
　　　　程志军　中国建筑科学研究院处长
　　　　蒋勤俭　北京预制建筑工程研究院院长

3. 政策及标准规范专业组：
组　长：刘建华　中国建筑材料联合会标准质量部主任
副组长：林常青　住房和城乡建设部标准定额研究所高工
成　员：马雪英　北京新奥混凝土股份有限公司教授级高工
　　　　孔祥忠　中国水泥协会秘书长
　　　　王发洲　武汉理工大学材料学院副院长
　　　　陈旭峰　北京市建筑材料科学研究总院副院长
　　　　林岚岚　住房和城乡建设部标准定额研究所教授级高工
　　　　徐文祥　安徽海螺水泥股份有限公司品质部副部长
　　　　徐洛屹　建筑材料工业技术情报所所长
　　　　潘东晖　中国建筑材料联合会科技工作部主任

技术指导组办公室设在中国建筑科学研究院，其成员为：
主　任：冷发光　中国建筑科学研究院建筑材料研究所总工
副主任：周永祥　中国建筑科学研究院建筑材料研究所副研究员
成　员：朱爱萍　建研科技股份有限公司副研究员
　　　　韦庆东　中国建筑科学研究院建筑材料研究所副研究员
　　　　何更新　中国建筑科学研究院建筑材料研究所工程师
　　　　王　伟　中国建筑科学研究院建筑材料研究所工程师
联系电话：010-64517275 或 010-84276512

附件4 《住房城乡建设部、工业和信息化部关于推广应用高性能混凝土的若干意见》

住房城乡建设部
工业和信息化部　文件

建标〔2014〕117号

住房城乡建设部工业和信息化部关于推广

应用高性能混凝土的若干意见

各省、自治区、直辖市住房城乡建设厅（委）、工业和信息化主管部门，新疆生产建设兵团建设局、工业和信息化委员会，有关单位：

为落实《国务院关于化解产能严重过剩矛盾的指导意见》（国发〔2013〕41号）、《国务院办公厅关于转发发展改革委住房城乡建设部绿色建筑行动方案的通知》（国办发〔2013〕1号）有关要求，加快推广应用高性能混凝土，现就有关工作提出以下意见。

一、充分认识推广应用高性能混凝土的重要性

高性能混凝土是满足建设工程特定要求，采用优质常规原材料和优化配合比，通过绿色生产方式以及严格的施工措施制成的，具有优异的拌合物性能、力学性能、耐久性能和长期性能的混凝土。作为重要的绿色建材，高性能混凝土的推广应用对提高工程质量，降低工程全寿命周期的综合成本，发展循环经济，促进技术进步，推进混凝土行业结构调整具有重大意义。

我国正处于城镇化快速发展阶段，以混凝土结构为主的房屋建筑和基础设施建设规模日益增大，预拌混凝土产量迅速增加，规模以上企业年产量已超过10亿立方米。由于对高性能混凝土认识不足、基础研究滞后，基本概念不统一，以及评价体系尚未建立等原因，致使高性能混凝土应用不觉不广泛。同时，混凝土生产普遍存在强度等级偏低、绿色生产水平不高、质量控制不严及施工粗放等问题，制约了高性能混凝土的推广应用。各地要高度重视，按照统一部署和要求，采取积极措施，不断提高高性能混凝土推广应用的整体水平。

二、主要目标和基本原则

（一）主要目标

通过完善高性能混凝土推广应用政策和相关标准，建立高性能混凝土推广应用工作机制，优化混凝土产品结构，到"十三五"末，高性能混凝土得到普遍应用。

1. 提升高性能混凝土应用水平，推动建筑节材。"十三五"末，C35及以上强度等级的混凝土占预拌混凝土总量50％以上。在超高层建筑和大跨度结构以及预制混凝土构件、预应力混凝土、钢管混凝土中推广应用C60及以上强度等级的混凝土。在基础底板等采用大体积混凝土的部位中，推广大掺量掺合料混凝土、提高资源综合利用水平。

2. 提升混凝土耐久性，延长工程寿命。建立混凝土耐久性设计和评价指标体系，推广"强度与耐久性并重"的混凝土结构设计理念，强化耐久性设计，确保混凝土结构在不同环境下的可靠性。

3. 提升混凝土生产管理水平，加快调整产业结构。建立并实施预拌混凝土绿色生产评价和标识制度，推广绿色生产和管理技术，"十三五"末，80％搅拌站达到绿色生产一星级及以上水平，其中50％达到二星级及以上水平。

4. 加强全过程控制，提高混凝土工程质量。加强原材料标准化建设，从源头控制并提升质量，提高混凝土生产过程的信息化水平，加快发展混凝土预制件，推广精细化施工各先进施工工艺。

（二）基本原制

1. 政府引导，市场推动。完善产业政策，发挥市场配置资源的决定性作用，营造有利于高性能混凝土发展的市场环境，激发生和应用高性能混凝土的内生产动力。

2. 全面推进，突出重点。以大中城市新建建筑为重点，突出绿色建筑、保障性信房、市政基础设施、大型公共建筑等工程，全面推广应用高性混凝土。

3. 因地制宜，分类指导。结合经济社会发展水平、资源禀赋、自然条件和工程特点，确定本地区高性能混凝土推广应用技术发展路线，完善配套政策和相关措施。

4. 试点示范标准先行。组织开展高性能混凝土生产和工程应用试点。完善标准，强化标准规范的引导约束作用，推广先进技术和经验，发挥示范效应。

三、工作任务

（一）加强高性能混凝土应用基础研究。搭建研发平台，重点突破高性能混凝土原材料控制、配合比优化设计、质量控制、耐久性指标体系、工程设计以及抗震、耐火、抗裂等关键技术。

（二）制（修）订高性混凝土相关标准。编制高性能混凝土评价标准，适时修订混凝土结构设计、施工及验收等相关规范，完善水泥、砂石、掺合料原材料标准，制定高性能混凝土生产和应用技术要求。建立协调机制，加强工程标准与产品标准的联动。

（三）推动混凝土产业转型升型。规范行业准入，推进清洁生产。制定预拌混凝土绿色生产评价和标识管理办法，组织开展评价和标识工作。强化与联合重组、两化重组、淘汰落后等工作的联动。引导并支持优势企业创新经营业态和商业模式，实施跨行业、跨所有制联合重组，提高生产集中度。

（四）推广混凝土生产和应用先进技术。推广骨料分级、配合比优化、试验检测和原材料质量控制技术，提高水泥混合材、外加剂成分检测及质量控制能力，加大固废消纳力度，实现水泥减量化。推广砂石、混凝土等生产装备智能化技术，混凝土构件和部件预制装配化技术，提升工业化水平。

（五）加强混凝土质量监督管理。利用信息技术，建立混凝土生产的质量保证体系，加强施工环节的质量监管，实现混凝土及其原材料生产、储运、施工等环节的无缝链接，完善质量监督机制，确保高性能混凝土质量。

四、保障措施

（一）加强组织领导。完善高性能混凝土推广应用工作机制，做好高性能混凝土推广应用顶层设计。研究制定相关政策措施，及时解决高性能混凝土推广应用中的问题。组织开展高性能混凝土试点工作，监督检查相关标准、政策措施的实施。

（二）加大政策支持。在住房城乡建设领域开展的优秀建筑设计、绿色建筑评定、设计和工程招投标等活动中，将采用高性能混凝土的情况作为参评、获奖或招投标优先条件之一，鼓励建设单位、设计单位等科学采用高性能混凝土。修订完善资源综合利用的财税优惠政策，鼓励生产高标号水泥、高性能混凝土。

（三）开展技术培训和咨询服务。以高性能混凝土应用技术指南、预拌混凝土绿色生产及管理技术规程、高性能混凝土评价标准等为重点，广泛开展师资培训和技术培训。发挥高性能混凝土推广应用技术指导组等机构和专家的作用，为高性能混凝土的生产、应用提供技术咨询和指导服务。

（四）优化发展环境。加强高性能混凝土生产应用信息收集和统计分析，完善信息沟通机制。加强行业宣传，在全社会营造有利于推进混凝土绿色生产和推广应用高性能混凝土的良好氛围。加强行业自律，强化社会责任，促进资源节约型、环境友好型社会建设。

各级住房城乡建设部门、工业和信息化主管部门要加强对高性能混凝土推广应用的领导，并结合本地实际，制定和完善相关措施，建立健全组织保障和考核机制，确保各项任务落到实处。

住房城乡建设部　工业和信息化部

2014 年 8 日 13 日

住房城乡建设部办公厅秘书处　2014 年 8 月 14 日印发